南京水利科学研究院专著出版基金资助

# 平原城市河网水动力对水质作用机制研究

## ——以苏州河网为例

PINGYUAN CHENGSHI HEWANG SHUIDONGLI
DUI SHUIZHI ZUOYONG JIZHI YANJIU
—— YI SUZHOU HEWANG WEILI

廖轶鹏 范子武 钱 彬 黄 玄 刘国庆 著

U0248386

中国计划出版社

·北 京·

**图书在版编目（CIP）数据**

平原城市河网水动力对水质作用机制研究 ：以苏州河网为例 / 廖铁鹏等著. -- 北京 ：中国计划出版社，2024. 12. -- ISBN 978-7-5182-1752-6

Ⅰ．X832

中国国家版本馆CIP数据核字第2024E7M146号

策划编辑：张　颖　周　娜　　责任编辑：刘　原　谭佳艺

封面设计：韩可斌

中国计划出版社出版发行

网址：www. jhpress. com

地址：北京市西城区木樨地北里甲 11 号国宏大厦 C 座 4 层

邮政编码：100038　电话：(010) 63906433（发行部）

北京捷迅佳彩印刷有限公司印刷

787mm×1092mm　1/16　8 印张　167 千字

2024 年 12 月第 1 版　2024 年 12 月第 1 次印刷

定价：60.00 元

# 前　言

在水系发达、河网密布且水动力滞缓的平原城市河网地区，通过水力调控工程措施提升河网水动力，促进河网内水体流动，提升自净能力，改善水环境容量，对平原城市河网水安全具有重要的意义。

本书在长三角平原城市河网地区开始实行水动力调控以改善水环境前提下，探索河网水质与水动力的响应关系，使"流水不腐"的概念更加科学化、精确化、经济化，对于平原河网地区的水资源管理和水环境治理及保护具有重要的理论价值和现实意义。尽管现有的国内外水动力调控工作已经取得了一定的水质提升效果，但在调控理论和方法上仍存在一些难题可待进一步解决。本书以长三角地区典型平原河网城市——苏州的古城区河网为研究对象，通过现场原型观测试验、数值模拟和理论分析的方法，研究了在不同水动力条件下河网水质的时空变化规律，探寻河网水动力对水质的作用机制。本书研究成果对城市河网水安全保障和水资源优化调度具有重要的参考价值。

本书取得了以下成果：

（1）揭示了平原城市河网溶解氧（DO）、氨氮（$NH_3-N$）、化学需氧量（COD）三项关键水质考核指标与水动力的响应规律，提出了面向水质改善的河网流速调控阈值，提升了对水动力调控改善河网水环境质量的机理认识。

（2）解析了平原城市河网污染物降解系数与水动力调控的定量响应关系，建立与水动力相关的降解系数拟合表达式，提出水动力调控下城市河网动态水环境容量计算方法。建立了以溶解氧、温度、总悬浮物等水质指标为输入的人工神经网络透明度预测模型，丰富了河网水动力与水质响应机制研究的理论方法。

（3）提出了面向水质提升的平原城市河网水动力调控优化方案，并应用在苏州古城河网项目。通过技术实施解决苏州古城区河网水质提升的现实问题，在突破平原城市河网水动力调控效果瓶颈上做出了尝试。

# 目　　录

# 1 绪 论

## 1.1 研究背景和意义

河流作为人类赖以生存的重要资源,在支撑人类社会的发展和维持地表生态系统稳定两方面,都起着至关重要的作用。大河流域下游因其地势影响,河流密布并纵横交错,形成平原河网地区。丰富的河流资源使得平原河网地区孕育了大量人口,极大地推动了平原河网地区人类经济社会的发展。近四十年来,我国经历了日新月异的变化,其中城市化进程发展迅速,城镇化水平从20世纪80年代初的20.1%发展至2020年的60.7%,尤其是平原河网主要集中的长三角太湖流域(图1.1)更是接近或超过了80%,成为了我国人口最为稠密的地区。人口的迅速增长、工业设施规模不断壮大和城市面积加剧扩张导致对平原河网水系干扰不断增强,平原河网地区下垫面、水系结构、水文过程和水生态系统由此产生显著变化。伴随着城镇化与工业化的快速发展,城市的河道空间被挤占,河网分割、水动力条件愈来愈差,水系结构的变化也导致河网功能改变,使得城市河网内涝问题频频发生,对河网地区人类生存环境和社会经济发展逐渐产生显著的影响。

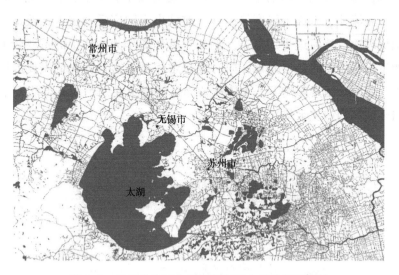

**图 1.1　长三角地区太湖流域河网水系分布示意图**

平原河网水体流动性弱,自净能力差,同时河网点源及面源等外部污染问题日益突显,污染物排入河网总量远远超过河网纳污能力,对河网城市水环境和水生态产生巨大危害。众多的污染物(如 TP、$NH_3-N$、COD、BOD、TSS 以及重金属等)通过排水系统进入河网水体，直接或间接造成河网水体污染，危害水生生物的生存和生态系统安全。而河网地区城市化对河网水系的人工改造会进一步加剧河网污染问题，如河道底部和边壁的渠化或硬质化使得河网下垫面条件及水文过程更加复杂，进而可能改变河网污染物种类、数量和传输过程，这无疑对平原城市河网的水资源管理和水环境治理带来了严峻挑战。

目前，我国各地的水环境问题正受到越来越多的关注，城市水环境治理已成为我国水生态文明建设的重要内容。2015 年国务院发布《水污染防治行动计划》要求到2020 年，长江流域城市水质至少 70% 达到或优于Ⅲ类，地级及以上城市的城区范围黑臭水体均控制在 10% 以内。在此背景下，长三角地区的部分平原河网城市开始兴建大批水力调控工程来控制，并利用丰富的过境水资源对城市河网进行生态水量补偿，提高当地河网水动力，促进河网系统自我修复能力的提高，从而改善局部地区的河网水环境。这种通过流域水资源调度，调控水动力来提高平原河网水动力的方法，逐渐成为长三角地区河网城市改善水环境的主要特色，并取得了诸多实际成效，也使得"流水不腐"的概念深入人心，在对河网控源截污的同时，提高河网水动力，增强水体自净能力显得更加尤为重要。然而，平原城市河网地区水质对水动力的响应机制仍是个科学难题，当前各地区的水动力调控效益也没有被很好地评估，究其原因，一方面，平原河网地区的水情、闸坝工况、污染源状况均十分复杂，通过水动力调控以改善河网水质的方法通常只是作为短期的权宜之计，而水动力提升对河网水质的长效保持作用往往被忽视；另一方面，影响平原河网水环境的因子有很多，包括氮、磷浓度、叶绿素浓度、水流流速、水深、温度等，且目前城市河网广泛地被人工改造，因而城市河网水环境机理比自然河道更加复杂。例如，氮和磷作为水体中的重要营养物质，是水生动植物生长所需的必要元素，同时也是水体夏季富营养化的主要原因之一。在城市河网中，受复杂因素影响下，水体富营养化的现象在四季均有可能发生，如 2015 年冬季苏州环城河的蓝藻水华（图 1.2）。

图 1.2  2015 年冬季苏州环城河蓝藻水华（现场拍摄）

在水动力调控对河网水质改善的效果方面，以前研究人员大多重点关注于水动力对河网污染物稀释与运移作用的提升，而忽略了水动力对河网水体自净能力的提升。水动力调控改善水质基础理论的不够完善，造成人们对水动力调控的水质改善效果有着"引水冲污"和"污水搬家"的认知。因此，为了更好地解决城市河网水环境问题，协调好城市水资源与水环境之间的复杂关系，开展平原城市河网水质对水动力响应机制研究，为科学指导河网地区水动力调控提供相关理论、方法和技术支撑，是十分有必要的。

## 1.2 国内外研究现状及进展

随着世界各地城市化进程的高速发展，产生了一系列的城市河流水污染问题，给水生态环境带来巨大冲击。20 世纪 60 年代开始，便有欧美、日本等发达国家陆续开展关于通过提升河道水动力来改善河道水环境的研究与实践。本节就受水动力影响的水质变化规律、平原河网水流数学模型和水动力调控工程应用三个方面的研究进展及存在问题进行分析总结。

### 1.2.1 受水动力影响的水质变化规律研究进展

水动力条件对水质的提升作用主要通过两个方面实现，即水体污染物稀释容量的提高与河网水体自净能力的改善。水体稀释容量的提高主要通过水力调控工程引入外来过境水体对河网污染物进行稀释、扩散及输移，而水体自净能力的改善则主要通过水动力的提升，水体流动条件的改善而加快污染物的降解速率。

1. 水体污染物输移理论研究

稀释容量是提高理论基于河网污染物在水体中的输移方程，其中水体中的溶解态污染物浓度变化过程遵循标量的输移扩散方程，该方程在笛卡尔坐标系下可表达为：

$$\frac{\partial C_w}{\partial t} + \frac{\partial u C_w}{\partial x} + \frac{\partial v C_w}{\partial y} + \frac{\partial w C_w}{\partial z} = \frac{\partial}{\partial x}\left(E_x \frac{\partial C_w}{\partial x}\right) +$$
$$\frac{\partial}{\partial y}\left(E_y \frac{\partial C_w}{\partial y}\right) + \frac{\partial}{\partial z}\left(E_z \frac{\partial C_w}{\partial z}\right) \quad (1-1)$$

式中，$C_w$ 为溶解态污染物的浓度；$E_x$、$E_y$、$E_z$ 分别为 $x$、$y$、$z$ 方向的紊动扩散系数。此方程在运用时适合较小的时间和空间尺度，并忽略生化反应项。

上述方程将水体中溶解态污染物考虑为一个整体，但实际上河网水体中污染物种类繁多，不同污染物之间特性差异较大，增加了污染物在河网水体中输移过程研究的难度。很多学者对输移扩散方程进行了应用和改进，并在实际应用中做出了一维和二维的简化。Metcalf 等[1] 曾做出以下假定：水体中污染物的输移率与水体中污染物的余量 $W$（kg）及径流量 $Q$（m³/s）呈正相关关系。由此得到了水体污染物一维输移过程方程表达式：

$$\frac{\mathrm{d}(W_0 - W)}{\mathrm{d}t} = -\frac{\mathrm{d}W}{\mathrm{d}t} = kQW \tag{1-2}$$

对上式积分可得：

$$W = W_0 \mathrm{e}^{-kV_t} \tag{1-3}$$

用 $W_t$ 表示从 0 到 $t$ 时刻污染物的累积输移总量（kg），由此可得污染物一维输移模型：

$$W_t = W_0 - W = W_0(1 - \mathrm{e}^{-kV_t}) \tag{1-4}$$

式中，$W_0$ 是河道水体污染物初始总量（kg）；$k$ 是输移系数（$\mathrm{m}^{-1}$），其大小决定着污染物的输移过程曲线；$t$ 是时间（s）；$V_t$ 是累积径流流量（$\mathrm{m}^3$）。

在以上建立和发展的水质理论方法中，输移系数 $k$ 没有被给出直接的物理意义，只是一个经验系数，但它是污染物输移理论模型中重要的参数，其取值大小直接决定着水体中污染物输移过程。以前研究人员对如何确定 $k$ 值也进行了相关研究，Alley[2] 基于牛顿迭代的思想提出了一个优化方法来估计 $k$ 值大小，但该方法求解过程过于繁琐，且需要给定一个初始预估值，初始预估值的合理给定决定了该方法的稳定性。Haster 等[3] 通过对指数传输方程有限差分的方法提出了一种反算法来求解传输系数，该方法同样存在求解过程繁琐的问题。Millar[4] 通过对指数传输方程的数理分析，推导出了一种求解输移系数和初始污染物总量的理论确定方法，该方法大大简化了求解过程，只需要知道水质指标浓度的变化过程，通过曲线拟合即可确定输移系数和初始水质指标总量这两个参数。Alley 等[5] 发现，$k$ 值大小与污染物类型、流量、河道边壁及断面特性等因素有关。Sartor 等[6] 研究表明 $k$ 值大小主要受污染物颗粒粒径大小影响，Egodawatta 等[7] 的研究却表明 $k$ 值大小与污染物颗粒物粒径大小没有太大关系，在其研究中，$k$ 值主要与流量大小有关。由上可知，目前对输移系数 $k$ 的主要影响因素还未有定论，原因可能是由于实验条件不同导致的，因而投入到实际应用中的水质理论模型存在着多种形式。Taylor 等[8] 对城市径流中氮元素的组成进行了研究，发现城市居民生活污水中超过 80% 的氮是以溶解态形式存在于城市径流中。可见在城市水环境治理措施中，因溶解态物质与颗粒态物质输移过程机理上的巨大差异，若只针对感官指标如 TSS（浊度）、透明度、Chl-a（叶绿素 a）等，治理效果可能并不总是有效。

不同特性（溶解性、密度等）的污染物在河网水体中输移所需的水动力条件也不同，故污染物特性也是影响稀释容量变化过程的影响因素之一，在实际的河网径流过程中，由于水流或其他外界影响力的作用，泥沙及水体悬浮物颗粒（TSS）大小会产生变化。颗粒的大小不仅影响其水体污染物输移过程，对其表面污染物的吸附与再释放也会产生影响。由此，受水动力影响下的河网水体稀释容量的变化机理十分复杂，还需要更加深入地研究。从以前研究人员的相关实验数据来看，即使在河网的同一条的河道中，不同水动力条件（流速、紊动强度等）对稀释容量变化过程有不同的影响。

即使是同样的水动力条件，随着稀释过程的进行，影响水质变化的因素也在发生变化，Alias 等[9] 研究发现水体污染物稀释与输移过程初期主要与径流量有关，即主要影响因素为径流水深和历时，后期水体污染物稀释与输移过程的变化主要与水流动力有关，即主要受流速大小影响。

水工建筑物的存在会对河网径流水动力过程产生影响，进而影响河网水质的变化。在水质模型的研究和建立过程中，通常实验假设水体中初始污染物是均匀分布的。然而，在一个真实平原河网地区中，由于受下垫面、风、降雨特性、经济条件和人为活动的影响，河网水体污染物的空间分布是非常复杂的，很难达到均匀分布。因此，不同的河道水质变化研究成果对于平原城市河网地区的适用性还需进一步研究。除去上文所提到的污染物进入水体后在水动力作用下产生的稀释、扩散及输移过程。更受人关注的是在水动力影响下，同时伴随着水文、气候等因素下水体中各类污染物的降解过程。为了探索水动力提升带来的水体自净能力改善机制，以前研究人员们做了大量的试验研究和模型计算分析。

2. 受水动力影响的水质变化机理试验研究

自然条件下水体污染物降解过程影响因子众多，包括污染物的性质、水体的微生物特性、水体污染程度、悬浮物、温度、pH、溶解氧以及流体的水动力条件。Streeter 和 Phelps[10] 认为水动力条件提升水质的作用是通过增加复氧量来实现，其通过在俄亥俄河（Ohio River）的现场试验发现，河道水体流速的增加及紊动作用可以显著提高水体复氧系数，从而增加溶解氧含量。Machiwa 等[11] 通过现场试验发现水动力扰动会加剧河道上覆水与底部孔隙水间磷盐离子的交换，从而导致河道水体磷含量显著增加。Hyfield 等[12] 的野外实验研究结果表明，密西西比河的水动力条件是水体硝酸盐氮（$NO_3^--N$）浓度的主要影响因子，水动力调控可有效补充密西西比河河口区域的营养物质。肖化云[13] 等利用氮稳定同位素示踪技术，结合湖泊硝酸盐以及叶绿素 a 含量、溶解氧的变化，发现在夏季条件下，水动力会驱动高溶解氧（DO）的上部水体向下对流，从而驱使湖泊下层水体中的有机质硝化，导致红枫湖南湖夏季的水体硝酸盐含量高于春季的反常现象。Toshimitsu Komatsu[14] 在对九州岛博多湾年水质变化的研究中，发现博多湾水质受季节性变化的重力环流水动力影响十分显著。为此建立了专门的分段实验模型来解析水质指标与营养盐循环的关系，该模型很好地预测了海湾全年各深度分层溶解氧的每天变化和海湾水体浊度变化，并结合博多湾水质的历史数据进行验证。Jonathan M[15] 从饮用水的角度研究美国中南部农业灌溉区域的储水区季节性变化。通过 2 年连续取样发现春夏季灌溉渠总体水动力流速高于秋冬季 26%的情况下，硝酸盐质量浓度和氨氮质量浓度分别下降了 54%和 60%，同时磷酸盐浓度下降了 31%；研究成果显示季节性需水产生的水动力变化能够有效地缓解下游的营养盐污染。Atkinson 等[16] 研究发现进入河湖中的重金属大部分沉降储存于沉积物中，当外在水动力条件改变时，沉积物中的重金属会发生再悬浮与多介质迁移，引发水底沉积物氧化还原电位变化、pH 变化，从而激发微生物和底栖生物活动对降解作用产生影响。也有学者在实验研究中发现水动力作用会促进上覆水体中碳酸盐、有机质以及与硫化物结合的重金属的分解释放，在特殊情况下可产生水体毒性。Kalnejais 等[17~22] 通过实验发现水动力作用对浮游藻类数量和分布的影响十分明显。如果水体流速变缓、滞留时间长，则给予浮游藻类更好的发育空间，在适宜的营养盐条件下浮游藻类数量会显著增长。而良好的流速条件则可以促进水体中的水生植物对营养盐的吸收，从而抑制藻类过度生长。但除水动力条件之外，现场试验结果难以避免会受到其他外部因子的影响，如温度、降雨等，因而有部分学者设计人工室内实验来分离其他因素，专门研究水动力条件对水质的影响过程，水生微宇宙实验方法随之而诞生。该实验方法可以体现水动力条件对污染物沉降和弥散的巨大作用。国内学者开启了利用此实验方法理念研究水动力对水体富营养化影响的先河。吴时强等[23] 以"引江济太"工程为背景，通过为期 30 天的室内水生微宇宙实验发现，引水条件下受水水体复氧作用得到促进，水体营养盐浓度也随之降低，水动力作用改变了受水水体溶解反应性磷（SRP）、浊度、溶解氧（DO）、硝氮（NO$_3$-N）含量变化，进而驱动了藻类群落结构的动态变化。而"引江济太"现场试验的结果显示水动力提升可显著降低太湖水体的浮游植物量和总氮浓度，但对太湖水体总磷的改善效果不显著。王沛芳等[24] 设计室内水槽实验和野外现场观测发现水动力作用对底栖生物组织吸附重金属有较明显的促进作用。在环形水槽试验条件下，有学者发现在水流对床沙中磷释放的影响过程存在一个 7~15cm/s 的临界区间速度，在 7cm/s 流速以下，上覆水中溶解态总磷浓度随着流速的增大而增加，在 15cm/s 流速以上，流速大小则不再成为磷释放的决定性因素。而在流态更为复杂的扩张段，流速的增加甚至会阻碍床沙磷的释放过程。Zhang[25] 等在模拟海洋动力环境下，研究非离子性疏水有机化合物的释放过程，并将结果与室内模型实验结果相对比，发现污染物在现场实验中的释放速率是室内模拟实验结果的 10~1 000 倍，并讨论这种现象的原因是室内实验中水的交换速率和冲洗效果对污染物的释放影响要低于野外现场实验。朱广伟[26] 通过设置不同水流条件方案的水动力模拟试验表明，水动力因子对湖泊生物群落的演替有主导作用，低流速条件下藻类种类数和生物量最高，且随着流速增加，藻类数量也呈现递增的趋势。而浮游动物的种类、数量的变化较之浮游植物更明显。试验条件中的水动力作用以增加水体中 TSS、降低透明度，从而改变水下光照条件的方式，迫使浮游植物、浮游动物群结构、数量发生改变，并通过理化及生物过程对营养物质释放过程进行反馈。Fan[27] 等利用实验室环形水槽条件，观察各种水动力条件下的 NH$_3$-N 随时间的浓度变化，计算不同水动力下的 NH$_3$-N 降解速率，根据一阶动力学方程拟合实验数据，并通过赤水河采集的现场数据进行验证。Ghosal[28] 通过室内实验研究认为水动力作用可以从 3 个方面影响水体中污染物的降解进程：①通过水动力扰动作用翻动底泥，将污染物转移到高 DO 水体层；②水动力扰动可帮助参与降解反应的底栖生物悬浮于上覆水体中；③水动力作用可以驱动水体表面的浮游植物进入污染物含量较多的底层水体，这可能是水动力影响水体污染物降解的一个重要机制。

由以上实验研究可知，目前学者们已普遍认为一定程度的水动力作用对河道水质提升有促进效果，水动力的直接作用可理解为水动力提升产生的剪切力直接参与影响降解过程，间接作用是指水动力促进污染物与水生物的混合，带动营养盐输送进而促进降解。但这股水动力产生的促进作用是直接还是间接的，目前一直存在争论。之前的实验研究多侧重于室内的小尺度人工实验，研究结果对研究者所设计的指定研究区域具有实际应用价值，但因其各自特定的实验条件，无法对其实验结果的稳定性进行检验，很难得到普适性的规律。

3. 水动力影响下的水质变化数值研究

水质模型的建立与发展以模拟河湖水质的时空变化过程，反映所研究的目标水体中发生的物理、化学和生物过程为目的。现有的大部分水质模型是在经典的河流水质Streeter-Phelps 模型的基础不断发展得来。由于天然状态下的水体水质变化过程与实验室内的小型实验装置或水槽实验的结果可能存在较大差别，并且在基于高端监测技术的野外观测实验中，由于干扰因素较多且采集到的数据随机性较强，得到的数据分析结果会不尽如人意。不少学者开始结合研究对象的水域地形、温度、泥沙、水动力结构等特性，开发出相应的水质数值模型，剥离干扰因子，研究水动力对污染物降解的作用过程。如 M. M. Mahanty[29] 在 Chilika 潟湖的水动力-水环境耦合研究中，建立了不同时空尺度下的二维模型；该水动力模型综合考虑了湖底床面阻力、湖水涡黏系数和风力摩阻，并将热量交换系数、横向、纵向弥散系数作为主要校准量；潟湖水质模型综合考虑了物理过程（再充气、沉淀）、生化过程（吸收、转化）和生物过程（有机降解、浮游生物初级生产），并经过各种敏感性分析得到优化验证。该模型对 Chilika 潟湖数年的水动力及水质状况进行了很好的验证，因而也被用作了对潟湖水质模拟及未来预测的良好工具。N. Donia[30] 根据 Mariout 湖的农业排污荷载和工业点源污染进行调研，主要参数包括耗氧化合物（BOD、COD），营养盐类（$NH_3$-N、TN、TP）；将调研数据耦合温度、盐度、无机物带人模型以求建立将排放入湖的动态污染量和湖泊水动力结合起来的水动力-水质耦合模型；结果显示当夏季湖泊风生流运动频繁时，水动力可以至少带走 5% 的湖泊水体污染物。该研究结果使得风力级别被考虑加入 Alexandria 港的湖区水环境管理机制，尤其是在削弱出湖污染物方面。House 等[31] 于 2002年提出了水体三重区数值模型用来描述污染物在水体中和水-沙界面中迁移降解规律，研究表明水体中溶解氧含量的大小对污染物降解有非常重要的影响，因此在描述污染物在水体中的输移过程以及在水-沙界面的降解过程时必须要考虑水体流速的影响大小，该模型提供了一种可预测河道水体中污染物垂向分配的方法，水动力的影响主要体现在水体溶解氧层厚度的改变。在 Chomat[32] 2012 年提出的河道磷降解模型中，将上覆水体分为高含氧层和低含氧层，对污染物位于高含氧层和低含氧层的情况下分别使用不同的分配系数参数进行描述，水动力条件对于污染物分配系数的影响在该模型中也被加以考虑。

随着流体测量和水质监测技术的不断进步，水动力对水质影响作用研究方法逐渐向经验型或基于大量监测数据的预测模型靠拢。如 Wang 等[33] 引入 VOF 方法，在考虑气液界面传质过程的条件下，预测堰下游溶解氧变化。Cheng[34] 于 2017 年基于机器学习方法，采用水力学和水文学参数，建立了淮河上覆水总磷分布的预测模型。在 Zeng[35] 2019 年提出的气体总溶解量（TDG）模型中，对 TDG 的水动力和温度分配系数加以修正，并对向家坝下游的 TDG 进行了准确的预测。Heddam[36] 利用人工神经网络模型和多元回归模型建立 Oregon 湖中透明度与水动力、溶解氧（DO）、总悬浮物（TSS）、叶绿素（Chl）和水温的相关的机器学习模型，并利用水质模型加以对比验证，提出了利用水动力条件来估算湖泊水体透明度的方法。Zhang 等[37] 基于大型浅水湖泊的风生流参数建立了藻类分布的预测模型，并在太湖加以应用。

综上所述，目前学者在一定程度的水动力提升可对河道水质改善产生促进效果上已有普遍认知，但水动力对水质改善促进效果的贡献程度有多大，目前还存在争论。不同研究结果也因其各自研究区域的特征差异，无法对其水质变化结果的稳定性进行检验，很难得到普适性的规律。且由于水动力影响下的降解机理认识还不是很明确，常用的水质模型在构建时均做了一定程度的理论简化，在不同研究区域的应用会受到相应条件的限制。

### 1.2.2 平原河网水流数学模型研究进展

平原河网水流数学模型发展始于圣维南方程，就大型的平原河网区域而言，由于通常河道水深较浅，其纵向尺度远大于垂向尺度，再考虑计算量的原因，一般从整体上采用一维河网水动力学模型计算水流的演进和运动规律；对于具有侧向入流、排污的局部河段，则根据需要可通过模型改进来反映侧向入污在达到断面均匀混合之前的空间浓度分布。圣维南方程的求解大多通过数值求解，很难取得解析解，在对圣维南方程组进行差分离散时，差分格式有显格式和隐格式两种不同的方法。显式差分法的优点在于容易理解且方便编制计算程序，但缺点在于显式差分是有条件稳定的，因而用这种差分格式来求解河网非恒定流的模型目前应用很少见，现今绝大多数模型采用隐格式来进行河网非恒定流的计算。在众多隐式离散格式中，Preissmann 四点偏心隐式差分格式是使用较为普遍的一种，该格式具有非均匀空间步长适用性、边界条件处理简单、计算稳定性和收敛性好，以及显式无迭代求解计算效率高等优点。一维河网非恒定流水力计算通常有四种数值解法：直接解法、分级解法、组合单元法、松弛迭代法。在早期河网计算方法中，直接解法是较为常用的方法，该方法的基本思想是直接求解由内断面方程和边界方程组成的方程组。该方法未知数较多，在河网规模较大的情况下，所形成的线性方程组的系数矩阵为一极不规则、不对称的大型稀疏矩阵，存在贮存量多、计算量大的问题，从而限制了计算速度的提高。对于简单一维河网水面情况，Stephenson 和 Meadow[38] 通过对一维圣维南方程进行理论分析和量纲分析得到了一维水体径流运动波模型的解析解。以上求解出的运动波方程解析解实现了对简单径流过程的求解，但仅适用于一些一维理想情况。Gottardi 等[39] 对于一维扩散波模型和运动波方程的求解提出了一种时间积分方法，在该方法中，一阶和二阶空间导数的离散方程分别采用二阶 Lax-Wendroff 和三点中心有限差分格式得到，同时用该模型研究了水动力变化情况下的河网水流过程。我国学者张二骏等在 1982 年提出了河网非恒定流的三级联合解法[40]，将控制方程分为微段、河段、汊点三级，先逐级处理，再联合运算，在汊点上仅保留其中水位或流量一个未知数，求得河网中各微段断面的水位、流量等值；李义天在 1997 年在分级解法的基础上发展出汊点分组解法[41]，其特点是根据实际工程需要，灵活方便地将河网中的汊点区分为任意多组，进一步降低线性方程组的阶数；侯玉等[42] 提出汊点分组解法的一般理论，利用矩阵的分块计算技术的基础上，可将一般分级解法形成的原汊点水位关系应用于汊点分组，从而简化递推过程。在分级解法中，以节点水位法使用较为普遍，效果也较好，该方法先将水力学问题归纳总结为关于节点水位的方程组，之后再求解节点间各断面的水位和流量。组合单元法是由法国水力学专家 Cunge 于 1975 年提出的。该方法的基本思想是将河网地区水力特性相似、水位变幅不大的某一片水体概化为一个单元，计算中取单元几何中心的水位为代表水位，通过谢才经验公式模拟单元与单元间的流量交换，再根据水量守恒建立每一单元微分形式的水量守恒方程，离散后得到以单元水位为自变量的代数方程，最后辅以边界条件，即可求出各单元的代表水位及单元与单元间的流量。我国的韩龙喜等[43] 曾经应用此法进行河网地区水力模拟。组合单元法的基本思想是对河道进行简单概化，以单元为计算单位，计算相对简单，适用于水位、流量变化不大的大尺度水域的水力模拟；但对计算区域内水位、流量变化较大的河网，组合单元法则适用性不足。

随着计算机技术的不断发展，河网水流过程的模拟和求解方法也在不断丰富和扩展，以满足不同水动力和水文条件下的二维水流模拟需求。卢士强等[44] 通过对河网单元划分模型的不同解法思路比较，判断该模型在河网流速时空变化不大的情况下，可以求解任何河网水力学参数。王船海等[45] 将二维河网模型概化为不同形状计算单元的组合，如"十字型""环状"和"树状"等，并基于此组合提出可通用的河网二维水流模拟方法。王玲玲等[46] 基于奇异矩阵分解法提出了河网糙率反演计算法，旨在提高河网水力学计算精度，并对复杂河网水动力进行精确模拟。同时由于平原河网地区城市化的快速发展，城市河网水工建筑物逐渐增多。水工建筑物的存在一定程度上改变了河网径流的水力特性（如节点、汊道区域），使得河网径流过程更为复杂，也给数值模拟带来了较大的难度，因而在模型中需要对水工建筑物边界有良好的处理。如在 Jflow 模型中，根据实测地形数据，逐个构建水工建筑物的高程和边界，该处理方法可以较好地对水工建筑物周边水流流场进行模拟，但缺点是对地形输入数据要求较高，在水工建筑物处需要加密网格，具有计算量大、耗时长的不足。之后有学者针对传统二维浅水方程难以模拟大尺度城市河网径流的问题，采用容积率系数对二维浅水方程做了修改，该方法的优势在于不需要提取水工建筑物边界和精细化计算网格也能满足大尺度城市河网区域径流模拟精度要求。陈炼钢等[47] 构建一维、二维嵌套的水文-水动力耦合模型，并针对闸控河网的实际特征实现闸坝调度过程模拟和水位预警功能。

### 1.2.3 水动力调控工程实践

纵观世界范围内已有的水动力调控工程，大致可分为两类：一类是以解决水资源分布不均等问题为目的的大型跨流域水动力调控，另一类是以提升流域范围水动力，改善水质并提高水环境容量为目标的流域内水动力调控。

目前，国内最大的跨流域水动力调控工程为南水北调工程，并于 2002 年开始正式实施。南水北调工程共分东、中、西三条线路，规划总长度达 4 350km，水资源调控规模可达到 448 亿 m³ 水量，分别从长江上、中、下游进行水量调控以补充西北、华北各地，恢复断流河段，修复水体生态，以造福 4.38 亿人口。随着世界范围内社会经济发展，国内外对水环境问题逐渐提高重视，学者发现水动力调控工程不仅能解决水资源分布不均的问题，还能提高水系连通，加速水体流动，修复河网生态及改善水环境，因而国内外陆续出现了以改善水环境为目标的水动力调控工程。例如国外的日本东京隅田川水动力调控工程、美国的 Moses 湖引水工程、新西兰的 Rotoiti 湖调水工程和国内的"引江济太"工程、武汉的东湖调水工程等。其中东京隅田川水动力调控工程开启了世界上面向水环境改善的水动力调控工程的先河。日本东京于 1964 年起从利根川和荒川引调 16.6m³/s 的清洁水入隅田川，该流量相当于隅田川当时原流量的 3～5 倍。在大幅度改善隅田川水质的同时也间接改善了周边中川、歌川和新町川等河流的水质。太湖流域的"引江济太"工程是国内典型为解决水质型缺水的水动力调控工程。进入改革开放后，太湖流域经济高速发展，水体污染和湖泊富营养化等问题严重影响了该流域及周边地区的水安全，导致典型的水质型缺水问题。自 2001 年始，"引江济太"工程相关的水利设施开始实施建设，并陆续经望虞河将长江水引调入太湖及周边水体，提高太湖流域河网水动力，加速水体流通，从而提高太湖流域水环境容量和水体自净能力。"引江济太"工程实施至今，流域内水质有着明显改善，彰显水动力调控成效。随着我国城市水生态文明建设和水环境改善需求的提高，水动力调控已成为我国平原河网地区常用的改善河网水质的手段，且已经陆续在我国上海、南京、福州、中山、桂林等地得到了应用，在结合当地河网特性和水利工程设施的基础上，制定了相关水动力调控方案，使当地的河网水质得到一定程度的改善。

以上的水动力调控工程实践表明，通过水动力调控改善河湖水环境是一种可行的途径。尤其对于平原城市河网，在水源得到充分保证的前提下引入外部优质水体，增强河网内部水动力条件，是短期内改善河网水质的有效手段之一。但目前河网水动力调控理论和技术尚有不足，例如在上海引清调度工程实施的初期，苏州河中下游河段水质改善并不明显，至两周的调水期结束时北新泾以下河段水体依旧呈灰色，后续经过多次尝试，逐渐摸索到苏州河干流水质稳定状态的平衡点，苏州河的黑臭水体才得到消除。同时水动力调控的实施依托于水利设施，平原城市河网地区闸泵众多，除水动力调控的水质改善效果之外，水动力调控的效率也需考虑。因此探索面向平原城市河网水质提升的水动力调控理论和研究精准有效的调控方法对平原城市河网水环境的健康持续发展有着重要意义，值得进一步深入研究。

### 1.3 平原城市河网水动力调控研究存在的问题

传统的河网水动力调控目标在于保证稳定的防洪与景观水位，但随着经济的发展，城市河网地区各类涉水工程的兴建，水动力调控的目标也随之增加，河网水动力提升带来的反馈也愈加复杂。近 20 年来，我国城市河网的水环境问题愈发突出，故要求现有的河网水动力调控既要解决城市河网的社会综合效益问题，也需要在河网水动力提升方法基础上加入水环境要素，研究面向水质提升的河网水动力调控方法。尽管现有的国内外水动力调控工作已经取得了一定的水质提升效果，但在调控理论和方法上仍存在以下问题待进一步解决。

（1）平原城市河网水质在水动力调控下的响应规律还不明确。目前水动力对水质改善作用机理的研究成果具有较强的区域特征性，是否适用于平原城市河网区域还有待进一步验证；并且由于平原城市河网水系的复杂性和调控方案的多样化，相关的水动力提升与水质变化研究也需进一步深入研究。

（2）缺乏面向水质改善的平原城市水动力调控理论。现有的以水质改善为目标的水动力调控方案由于缺乏科学的理论指导，难以精细到研究区域内的每一条河道，如何制定科学的河网水质改善目标和精细化的水动力调控方案仍是个值得研究的问题。

（3）水动力调控方案的效果延续性较差。现有的水动力调控方案多为短期内解决城市水质问题而服务，因而在调控期会出现"用力过猛"的情况。如何最科学地分配城市河网水资源，在水动力调控的基础上，结合其他有效方法对城市河网水环境健康进行长效保持，从而不一味地依赖水动力调控手段，也是一个值得思考的问题。

综上，对于平原城市河网的水质改善目标，水动力调控既是一种手段，同时也是一个集合过程，科学的河网水动力调控需要反映出平原城市河网的水动力-水质相互耦合作用机理，可以从中探索河网流量、流速与水质指标的必然关系，找到河网水质对水动力的响应变化规律。同时契合河网各区域水质改善需要，合理分配水量，维持平原城市河网水环境系统健康并长效保持。

## 1.4 主要研究内容与技术路线

### 1.4.1 研究内容

本书主要针对平原城市河网区域水质对水动力调控响应机制问题开展研究，旨在为平原河网地区水动力调控和污染物控制提供理论和技术支撑，并发展和完善平原河网城市水安全理论。以典型平原河网城市苏州的古城区河网为主要研究对象，采用水动力调控现场原型监测实验，机器学习分析、理论分析和数值模拟等研究手段，重点探索水动力调控下河网水质在不同水动力条件下变化规律，探寻和量化水动力因素对河网水质变化的响应关系，验证和校正水动力调控下的平原河网水体污染物降解系数，建立适用于平原城市河网的水动力-水质耦合模型，最终得到与水动力相关的河网水质响应定量关系。制定的主要研究内容如下：

（1）水动力调控下平原城市河网污染物时空分布特征及水质变化规律研究。通过苏州古城区河网水动力调控试验，采集河网水动力和水质原型数据，分析水动力调控下河网水质变化特征，探索河网水动力对水质的作用机制。

（2）苏州古城区河网水动力-水质耦合模型研究。建立苏州古城区河网水力学-水质耦合模型，并通过原型实测资料对模型参数进行验证，根据模型分析，验证并校正河网水体污染物降解系数，并通过结果对比，不断提升模型精度，并引入机器学习模型，分析和预测在水动力提升下的河网水质变化规律和趋势。

（3）面向城市河网水质提升的水动力调控案例应用。基于平原城市河网水动力-水质响应机制和河网水动力-水质耦合模型，针对长三角地区平原城市河网水系特征和水质问题，提出面向平原城市河网水质提升的水动力调控方法。结合苏州河网水质管理目标，在苏州古城河网进行案例应用，并评估水动力调控的水质提升效果。

### 1.4.2 技术路线

首先，对研究区域的河网水系基础资料进行收集和测量，对研究区域的水动力调控下河网水动力和水质指标进行现场监测，然后分析影响水体污染物分布变化的主要影响因子以及污染物在河网的空间分布特征。再引入机器学习方法，结合现场试验监测数据和历史数据研究平原城市河网水动力与水质指标响应关系，构建平原城市河网水动力-水质耦合模型，通过结果对比校正河网降解系数，验证水动力调控对河网污染物的降解促进作用。提出面向城市河网水质提升的水动力调控方法并在苏州古城河网进行案例应用，结合河网水动力-水质作用机制评估水动力调控对苏州城市河网水质的改善效益。本书的研究技术路线如图1.3所示。

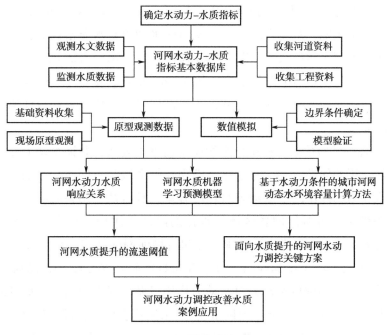

图 1.3　技术路线图

## 1.5　结论与展望

### 1.5.1　结论

污染物在平原河网水体中的分布变化规律与河网水动力密切相关,本书通过现场水动力调控原型观测试验、河网数值模型和理论分析的方法系统研究了河网水动力对水质的作用机制,并在苏州古城河网进行案例应用,得到的主要结论如下:

(1)通过现场水动力调控试验分析了苏州古城河网的不同类型河道,在水动力条件提升下的水质变化规律。结果表明,流速为 DO 和 $NH_3$-N 敏感因子,COD 对水动力调控的响应时间稍久,历时两天后各水质指标均有明显改善。其中 $NH_3$-N 在高藻的学士河中改善最佳,而 COD 在高 TSS 的干将河中改善最佳,具有良好的一阶反应动力学特征。利用 DO 和 $NH_3$-N 可以估算调控水量大小和响应时间。

(2)构建苏州古城区河网水动力-水质耦合模型,并利用现场试验数据进行率定和验证,校核并验证了适合苏州古城河网水质的动态降解参数。模型验证结果表明,水动力和水质模拟结果与实测值较为接近,水动力结果相对误差在 5% 以内,水质结果误差在 13% 以内,满足精度要求。水力学模型构建中采用的河网综合糙率推求法与苏州古城河网水力特性契合,水力学模型准确地描述了原观引水条件下古城河网的水动力学过程,古城河网内往南水动力逐渐衰退。水质模型较好地描述并预测了河网中 $NH_3$-N、COD 和 DO 三个水质指标在河网中的变化趋势,可以为城市河网的水动力调控方案进行服务和指导。

（3）采用机器学习法对现场数据和历史数据进行大数据分析，探索河网水动力-水质作用机制。结果表明，水动力调控下古城河网水动力对水质指标的影响权重大于温度的影响权重。河网水质指数随温度上升而显著下降至26℃达到下限阈值58。水质指数随流量增加呈现先下降后上升的趋势，从 $3\sim5m^3/s$ 迅速增加至 $6m^3/s$ 达到上限阈值73。综合考虑溶解氧和透明度的情况下，苏州古城河网水质提升的最佳流速调控区间为 $0.18\sim0.45m/s$。

（4）基于现场试验数据，利用稳态物质平衡理论公式，验证水动力提升对古城河网污染物降解作用的促进效果，并量化污染物降解系数与不同水动力的响应关系，并提出在现场水动力调控作用下的动态水环境容量计算方法。结果表明，在现场试验的水动力调控条件下，古城河网各区域的水体的降解作用均有提升，降解提升效果在 10% 以上。为满足地表水Ⅳ类水质要求，苏州古城河网的动态水环境容量的每日 COD 负荷阈值为 1 358.37~2 496.54kg/d，$NH_3-N$ 每日负荷为 260.12~372.63kg/d。

（5）结合平原城市河网水动力对水动力作用机制，提出面向水质提升的平原城市河网水动力调控关键方案，并基于河网水动力-水质耦合模型，模拟计算了三种引水情景、四种调控方式下的河道流速分布。结果表明，采用娄门堰、阊门堰两座翻板闸门、平四、齐门和北园三座闸门、其他现有水利工程以及增阻减阻的河道整治措施联合调控方式，可实现古城区内河段水质达标率达 87.63%~98.95%，与现状调控方案相比，达标率提升了40%左右，且当上游来水水质为Ⅲ类时，绝大部分河道均可在改善至同类或Ⅳ类水平，更合理、高效地利用和分配水资源，为苏州古城河网水质提供了保障。

## 1.5.2 展望

本书通过现场原型观测试验和河网数值模型研究了河网水质对水动力作用的响应机制，并通过机器学习模型对水动力对水质指标作用机制进行了探索，但河网水质在水动力作用下的变化规律的复杂性，尚有一些问题需要进一步研究。

（1）在使用随机森林模型对河网原观数据进行模拟分析时，数据样本集中在采集时间的夏季6—7月和冬季11—12月的两个月内，如能获得更多且更长时间的春季和秋季现场数据，可使用更多的数据对模型进行训练，且能获得更好的模拟效果。同时模型中缺乏河网各区域的下垫面数据，空间精度不高，导致对某些对下垫面敏感的水质数据无法精确预测，今后可以利用更先进的测量工具，获得更多、更精确的数据，并通过智能学习将数据分析与河网智能调控相结合。

（2）本书所研究的氨氮、COD 全部是溶解态污染物，而对于不同类型的污染物如颗粒态污染物和非溶解态污染物，其理化特性如何、在河网中受水动力影响是否具有相同的变化规律，本书并未对此进行深入探讨，在未来可以对河网多种污染物进行水动力调控的响应变化研究。

（3）为了突显水动力影响因子，本书的原观试验数据均在非降雨条件下收集，而降雨会给平原河网区域带来面污染，增大水气交换的同时，降雨径流也会给河网水体带来额外的水动力。此类水动力会对河网水环境造成什么样的影响，在未来是值得去研究的问题。

# 2 研究区域特征与水动力–水质监测及分析方法

现场同步原型监测是研究水动力调控下城市河网水质变化规律的重要技术手段。本书选取长三角地区的苏州古城区 14.6km² 范围的河网水系作为研究对象，对水动力调控试验下的河网水动力与水质变化过程开展原型观测，获取水动力和水质原型数据，并结合水系特征和相关分析方法，为探索河网水质对水动力响应机制和后续数值模型率定及验证提供重要的数据基础。

## 2.1 研究区域概况

苏州地处长江三角洲中心地带，为经济发达区域，毗邻太湖，淡水资源丰富，加之平坦的地势，造就了苏州市河网纵横交错的布局。自古以来苏州因水而兴、因水而美，素有"东方威尼斯"之称，"小桥流水"的景观风貌令人心向往之。苏州古城区河网整体呈方正棋盘状，经过长年的河网水系演化，城区大量河道已人工渠化。古城区河网范围总面积约 14.6km²，现有河道总长约为 34.72km，其中有支撑起棋盘布局的"三横三直"骨干河道及若干支河道（见图 2.1）。

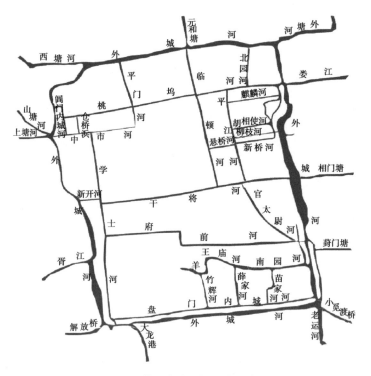

**图 2.1 苏州古城区河网水系现状**

三横为包括桃坞河、干将河、府前河在内的东西向河流，三河皆西起阊门内河，东至相门外成河，因而长度相差不大，其中桃坞河跨桥 18 座，宽 5~8m，长 3.2km；干将河跨桥 18 座，宽 5~10m，长 3.1km；府前河跨桥 22 座，宽 5~6m，长 3.33km；三直为南北向的学士河、临顿河和平江河，三河连通古城区南北环城河，其中学士河跨桥 18 座，宽 5~8m，长 3.2km；齐门-临顿河跨桥 19 座，宽约 8m，长 2.4km；平江河跨桥 20 座，宽 8~10m，长 2.85km。

## 2.2　原型观测布置方案与数据监测方法

近几年，随着苏州古城区河网防洪大包围工程和闸泵调度体系的建成，古城区河网水体的水位、流量及流向在一定程度上均可进行人为控制。基于苏州古城区河网水系特点和河网水动力调控能力，本书研究设计水动力调控原型同步观测试验方案，研究水动力提升对该地区河网水质变化的影响，探索在水动力调控下水质改善的响应机制，以期为长三角平原河网地区的水动力调控方案提供决策支持。

依托古城区河网闸泵调度工程体系，分别于冬季（2016 年 11 月—12 月）和夏季（2017 年 6 月—7 月）进行水动力调控试验，在试验方案中对水力学参数（如流量、流速、水位等）进行严格控制，在最大程度地防止其他外界因素干扰下（为避免降雨所带来的面污染影响，所有试验数据采集均在非降雨条件下进行），对水动力和水质数据进行即时采集（水质监测点如图 2.2 所示）。在水动力调控试验各方案下，均通过古城区北面齐门与平门河闸门由北环城河进水，向南经干将河流向学士河及官太尉河，在古城河网东南角流出。在古城河网进水口闸门和河网各河段节点闸门处通过控制，使得各河段具有低流量、中流量、高流量的三级水动力条件，并保证各河段流量变化趋势与进口处流量变化趋势一致。在水动力调控试验方案下，顺水流方向布置 5 个主监测河段（齐门河、临顿河、干将河、学士河与平门河），并在主监测河段的首端与尾端分别布置有水质监测点，以观测水动力调控下的各河段的进出口处的水质变化。其中齐门河（G1）与平门河（G5）同为控制进出水量的河段，在进口水量相等的情况下可作为鲜明的水动力-水质改善效果对比。这两条河由于紧连古城河网进水口，不仅是水质监测起始点，水动力条件也最佳。而齐门河地处苏州拙政园风景区，监测断面前后无排污口，为古城河网中水质最不受人为干扰的河段，因而该河段的水质首尾一致性可以保证。其下游的临顿河断面（G4）位于古城商业区，此段有大量生活污水进入，与下游的东西向的干将河（G2）同为典型的高悬浮物（TSS）河段。末段学士河（G3）则是古城河网中主水流方向上水动力条件最弱，同时也是叶绿素 a（Chl-a）含量最高的河段，Chl-a 浓度常年保持在 20mg/L 以上。由此可见水流方向上的各主干河道都有其特点，因而将其布置为水动力调控同步原型观测试验中的主监测河道。夏季原型观测期间时逢长江流域汛期，河网来水量较为充沛，满足试验水动力调控需求的同时对水位也严格控制。冬季原型观测试验方案的来水量不易保障，在充分发挥河网调度作用下水动力调控的时间少于夏季，但水动力条件仍可以满足。

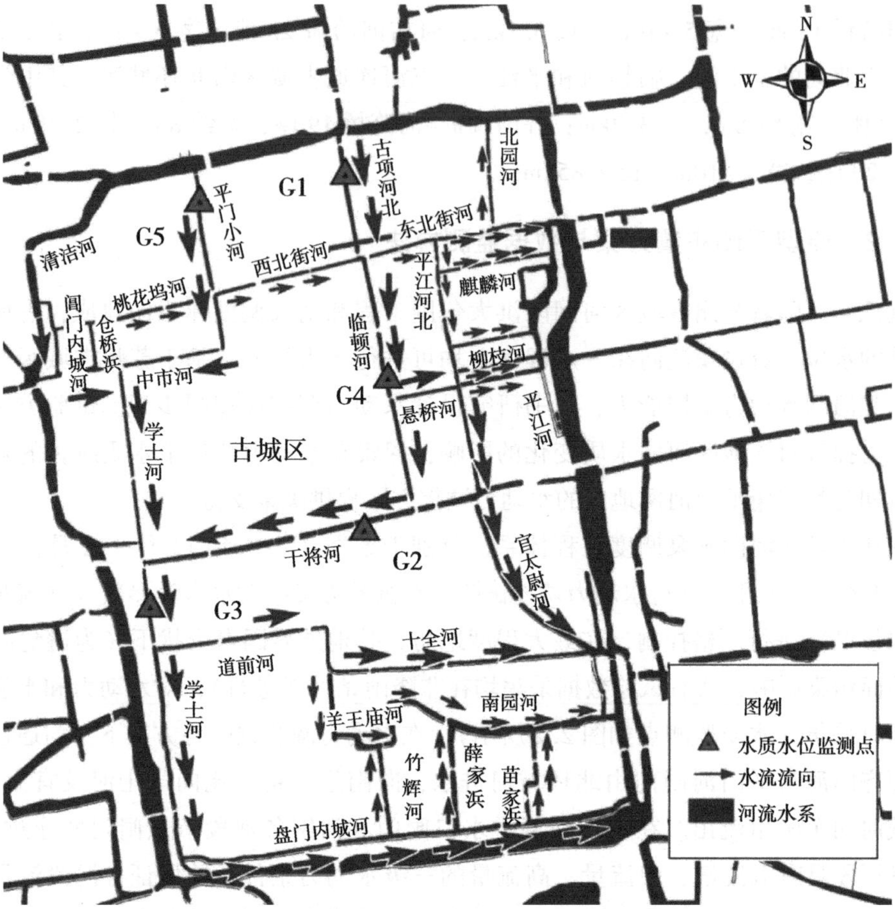

**图 2.2 古城区河网水动力调控示意图（河网主观测河段）**

试验通过苏州古城河网大包围远程电子操作系统对流量进行精准控制。受防汛要求影响，夏季北面平门河与齐门河引水口最大引水量需控制在 $5m^3/s$ 左右，在此条件下主要河道流量变化范围分别为：平门河为 $3.98\sim5.24m^3/s$，齐门河为 $3.11\sim5.27m^3/s$，干将河为 $2.11\sim4.67m^3/s$，学士河为 $2.11\sim3.28m^3/s$。其中骨干河道各河段流量调控情况见表 2.1。

**表 2.1 流量调控方案**

| 观测河段 | 组次 | 流量范围/($m^3/s$) | 平均流速/(m/s) |
|---|---|---|---|
| 齐门河 | 20 | 3.01~3.11 | 0.31 |
|  | 24 | 3.89~4.06 | 0.39 |
|  | 28 | 5.15~5.27 | 0.46 |
| 平门河 | 32 | 3.98~4.13 | 0.43 |
|  | 40 | 5.02~5.24 | 0.57 |

续表2.1

| 观测河段 | 组次 | 流量范围/（m³/s） | 平均流速/（m/s） |
|---|---|---|---|
| 学士河 | 32 | 2.11~2.28 | 0.19 |
| | 40 | 2.89~3.01 | 0.23 |
| 干将河 | 32 | 3.48~3.56 | 0.15 |
| | 40 | 4.23~4.67 | 0.28 |

　　试验期间水动力调控于每日早晨六点开启，在河网进水口处每小时一次对所控制的流量和流速进行率定，待各河段流量、水位到达调控目标时获取水位、流量及流速，并即时采集水动力和水质数据，河网各水质监测点位置如图2.3所示。现场试验共获得水质数据3 600余组，水动力数据7 000余组。采用美国Teledyne StreamPro走航式声学多普勒流速剖面仪（ADCP）和墨行MXT04-A10B电子水尺对试验中河网各区域水动力数据进行实时监控和采集（图2.4）。采用卡盖式水样采集器（2L）对古城河网各采样点水体进行采集，待水动力条件达到调控方案目标时汲取表层水体。所采集水体装入统一规格的聚乙烯贮样容器，并密闭遮光低温保存，在24h之内送至苏州市水文局

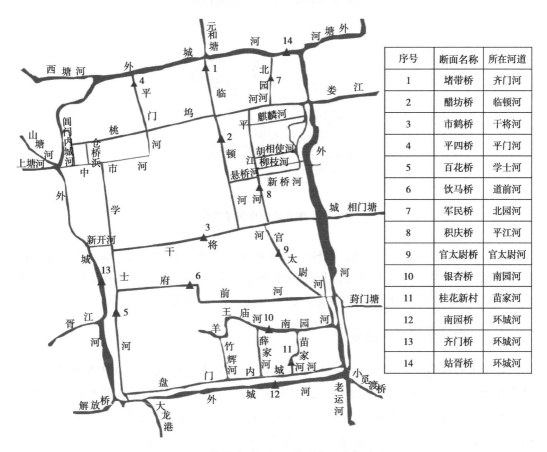

图2.3　苏州古城区河网水质监测点位分布

水环境监测中心，委托其对水样进行各水质指标测定。试验中采样和测定的方法严格参照《水环境监测规范》（SL 219—2013）执行。采样时间为每日试验的上午九点和下午三点。监测的水质指标包括溶解氧（DO）、化学需氧量（COD）、氨氮（$NH_3-N$）、叶绿素 a（Chl-a）、透明度（SD）、总悬浮物（TSS）、pH、水温等。其中溶解氧（DO）和 pH 采用哈希 HQ40d 便携式多参数水质分析仪进行现场测定。透明度指标采用标准塞氏盘法进行测定（图2.5），TSS 指标由便携式浊度仪进行测定。

**图2.4　河网现场测量（现场拍摄）**

**图2.5　水体透明度测量工具**

水动力调控持续进行 30 天，取样时间涵盖古城河网的水动力调控前、调控中、调控后阶段。其中夏季整个原型观测期间处于汛期，古城河网水体来源外塘河的峰值可达 $20m^3/s$，而于冬季的枯水期，外塘河最大可提供 $8m^3/s$ 的流量。

## 2.3　古城区河网水质分析

自经济开始高速发展，苏州河网地区整体逐渐成为严重的"水质型缺水"地区，其中苏州古城区河网水质恶化显著，2013 年时，全古城区 31 个河道监测断面中，Ⅲ类以上水质断面为零，Ⅲ类断面比例为 23.8%，Ⅳ~劣Ⅴ类水质断面达到了 76.2%，河网总体污染十分严重。除现场试验所采集的数据外，本书研究同时收集了现场试验布置的 14 个主要水质监测点自 2013 年起的水量-水质监测历史数据，监测点位置如

图 2.3 和表 2.2 所示。历史数据显示古城区河网水质的主要超标指标有：溶解氧（DO）、化学需氧量（COD）、氨氮（$NH_3-N$），此外未列入苏州河网考核的总磷指标在河网部分断面也时有超标。水体污染严峻的同时也极大程度拉低了河网水体感官程度，古城核心区部分河网水体存在黑臭现象（图 2.6）。

表 2.2　苏州古城区河网 14 个主要水质测点位置

| 序号 | 河道名称 | 地点 | 序号 | 河道名称 | 地点 |
|---|---|---|---|---|---|
| 1 | 齐门河 | 堵带桥 | 8 | 平江河 | 积庆桥 |
| 2 | 临顿河 | 醋坊桥 | 9 | 官太尉河 | 官太尉桥 |
| 3 | 干将河 | 市鹤桥 | 10 | 南园河 | 银杏桥 |
| 4 | 平门河 | 平四桥 | 11 | 苗家河 | 桂花新村 |
| 5 | 学士河 | 百花桥 | 12 | 环城河 | 南园桥 |
| 6 | 道前河 | 饮马桥 | 13 | 环城河 | 齐门桥 |
| 7 | 北园河 | 军民桥 | 14 | 环城河 | 姑胥桥 |

图 2.6　苏州古城河网局部的黑臭水体（现场拍摄）

苏州城市河网水体污染原因主要在以下两个方面：

（1）水动力因素。

随着水系的变迁，历史上太湖水由西向东自流经胥江可达苏州城区的情况已不复存在，造成苏州城市核心的古城区河网水体自流性大大减弱。再加上苏州市区地势平坦，河网大部分区域流速缓慢，乃至水流静止，既不利于河网中水体污染物的迁移扩散，也使得河网部分丧失了水体自净能力。由此加剧了古城区河网的污染，小桥流水逐渐变为死水沟潭。

（2）污染源因素。

苏州地区经济高度发达，数量众多的各类工业企业行业吸引了密集的人口。苏州城市尚不够完善的污水收集系统不足以支撑高排放量的工业废水和生活污水。尤其是古城区污水管网建设难度大，截污不彻底，对古城区河网水环境造成巨大压力。

自 2013 年 9 月苏州古城区河网正式实施清淤活水措施后，河网内中小河道流动性逐渐增强，河网水质也呈现改善的迹象。

1）溶解氧。

苏州古城河网不同监测点位 2013 年—2016 年水体溶解氧（DO）浓度变化如图 2.7、图 2.8 所示，2013 年后古城河网以干将河为界，干将河以北的河网区域的齐门河（1#）、临顿河（2#）、平门河（4#）及北园河（7#）临顿河 DO 浓度均有不同程度的提高，而干将河以南的河网区域提升效果较弱，并且整体河网 DO 浓度季节性差异明显。冬季浓度较高，大部分监测点位可达Ⅲ类以上水平，而夏季 DO 浓度普遍偏低。由此可知，除清淤活水的影响外，城市河网水体 DO 浓度与温度有较强的相关性，温度越高，溶氧系数越低。而冬季时，一方面溶氧系数随温度降低而增大，另一方面水体中耗氧生物活动作用的减弱，使 DO 浓度升高。但总体来看，古城河网的主干河段包括临顿河、干将河和学士河等在内的河段 DO 情况仍不理想，在夏季存在低于Ⅳ类水标准的状态。

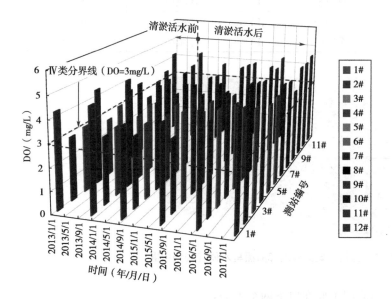

图 2.7　苏州古城河网不同监测点位溶解氧浓度变化　　　（扫描二维码看高清彩图）

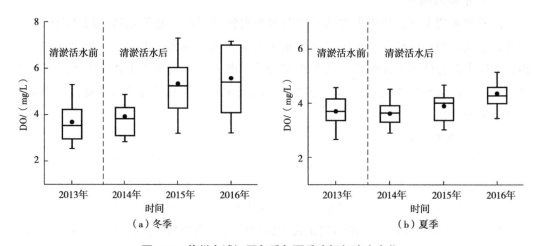

（a）冬季　　　　　　　　　　　　　　　（b）夏季

图 2.8　苏州古城河网冬季与夏季溶解氧浓度变化

2) 氨氮。

苏州古城河网 2013 年—2016 年的 $NH_3-N$ 监测成果如图 2.9 和图 2.10 所示。由图中可知，2013 年之后大部分点位的 $NH_3-N$ 浓度呈下降趋势，其中生活区聚集的学士河点位（5#）、北园河点位（7#）和官太尉河（9#）等降幅较大，学士河点位（5#）的 $NH_3-N$ 浓度降幅最大，从 2013 年 1 月的 4.52mg/L 降至 1.5mg/L。而其他断面在此期间也有不同程度的降低，且在 2mg/L 上下浮动。空间分布上，2014 年之前，环城河的 $NH_3-N$ 指标明显优于河网内部河道，河网内部河道的 $NH_3-N$ 浓度也差异较大，而在清淤活水工程实施后，古城河网各区域的 $NH_3-N$ 浓度较为均匀，并且在夏季改善效果更为显著，环城河可以稳定达到 IV 类，但河网内部河道平均浓度依旧徘徊至 IV ~ V 类。

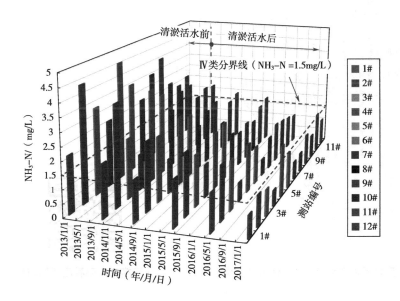

图 2.9　苏州古城河网不同监测点位氨氮浓度变化　　　　（扫描二维码看高清彩图）

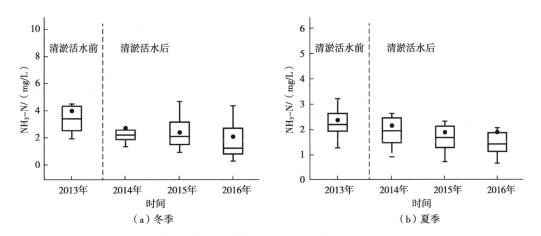

（a）冬季　　　　　　　　　　　　　（b）夏季

图 2.10　苏州古城河网冬季与夏季氨氮浓度变化

3）化学需氧量（COD）。

古城河网 1#~12#监测断面的 COD 浓度时空变化如图 2.11 所示，与前两个水质指标相比，苏州古城河网 2013—2016 年期间 COD 浓度变化较为不明显，临顿河断面（2#）和干将河断面（3#）等少数几个断面随时间略有下降。而其他断面即使在清淤活水实施后，也基本维持在接近和低于Ⅳ类水平。冬季与夏季的古城河网 COD 浓度变化情况如图 2.12 所示，与冬季相比，夏季 COD 的浓度数值更为离散，变化范围也较大，可见河网水体 COD 的降解系数在冬季与夏季差异显著，属于环境类的敏感因子。但总体而言，清淤活水工作对河网 COD 指标的改善效果有限，COD 仍是苏州古城河网的主要水质问题。

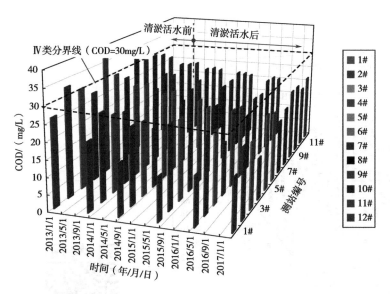

**图 2.11　苏州古城河网不同监测点位 COD 浓度变化**　　　　**（扫描二维码看高清彩图）**

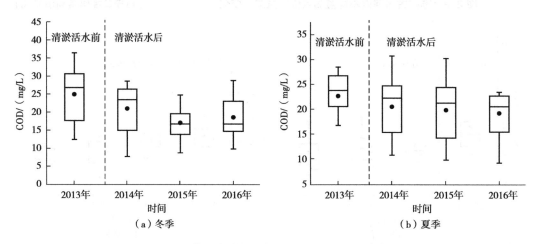

（a）冬季　　　　　　　　　　　　　　（b）夏季

**图 2.12　苏州古城河网冬季与夏季 COD 浓度变化**

综上水质特征分析，历经清淤活水措施，苏州古城河网水质有较为明显的改善，但离Ⅳ类水的长期治理目标尚有一些差距，其中溶解氧（DO）、氨氮（NH$_3$–N）、化学需氧量（COD）仍是苏州城市河网水环境治理的主要目标，亟需更为科学的水动力调控方法。

## 2.4　数据分析方法

（1）主成分分析（Principal Components Analysis，PCA）也称为主分量分析，是一种考察多个变量间相关性的多变量分析方法。河网水动力调控下的水质变化可能是多种外界影响因子的共同结果，甚至不同水质指标之间也可能存在复杂的相互关系。在主成分分析法中，可通过正交变换将一组可能存在相关性的变量转换为一组相互无关的综合性变量，转换后的这组变量叫主成分。例如，将河网原型观测数据中的影响水质变化的影响因子（如水动力、温度、pH 等）列为环境因子，当已知待评价点的多个水质指标因子，对其中存在的相关性因子进行降次，构造新的不相关的综合指标（即主分量），综合指标都被合理的表示为河网水质影响因子的线性组合。这样的统计指标一方面不再重叠，同时也可反映出原有的影响因子所包含的绝大部分信息，按照综合指标进行降次、排序、分类，将需要解决的问题得到简化。研究采用 Canoco for Windows 4.5 软件对河网水动力调控原型观测试验数据进行主成分分析，并且在分析之前，对所得各变量指标数据进行标准化处理来消除各自量纲影响。

（2）偏相关分析（Partial Correlation），在河网多变量的回归分析中，由于影响水质变化的影响因子较多，当单独研究其中某一项影响因子对水质变化的影响作用时，如单独影响水动力因子对水质变化的影响时，则需要对特定研究影响因子之外的其他变量进行控制，以便在结果分析中消除其他变量的影响，在分析中所得的相关系数为偏向关系数。在水动力调控现场采集的数据中，缺失值与奇异值偶然会出现，因而传统常用的统计模型包括：多元回归、线性模型、方差分析等在处理原型监测试验数据时就存在困难。本书采用包括随机森林法、人工神经网络和支持向量机在内的机器学习方法，可灵活处理缺失值与奇异值，有效分析水质变化与各影响因子间的偏相关关系，并深度发掘包括水动力、温度等因子对河网中水质变化的影响规律及其内在的相关联系。以下给出几类用于偏相关分析的机器学习方法介绍。

（3）随机森林模型（Random Forest）是一种新颖的机器学习方法，是基于统计学理论的组合分类器。随机森林模型的基础是决策树算法，1984 年 Breiman[50] 等人发明了决策树的算法。决策树是一种预测模型，可作为一个典型的单分类器，描述了对象属性和对象值之间的映射关系。利用已知的数据构建预测准则，进而根据变量值对某一个变量进行预测。通过决策树对数据的分析结果易于理解和实现，同时对于原始数据不需要进行进一步的处理，且能同时处理分类变量和连续变量，但决策树模型也具有非唯一性的缺点：不同的算法会得到不同的结论，对于连续性变量预测结果通常会出现偏差，同时决策树也会产生过拟合的问题。为了解决决策树所具有的缺点，Breiman 于 2001 年又提出了随机森林的算法[51]，通过在已有数据集中随机选取样品构建多个决策树，最后通过投票的方式得出最终的预测结果。它对异常值具有很高的容忍度，能避免在决策树方法中出现的过拟合问题。构建随机森林模型主要包括以下三个步骤：

1）建立训练集。随机森林中包含多个决策树，每个决策树对应一个训练集，训练集从现有数据中产生。现有的统计抽样方法包括不放回抽样和放回抽样。有放回的抽样中又可以格局是否设置权重分为无权重抽样（bagging）和有权重抽样（boosting），在随机森林算法中通常采用 bagging 抽样方法，从原始数据中产生训练集。

2）构建决策树。这一步是随机森林的核心，而构建决策树的关键是特征变量的选取。特征变量是在决策树中参与节点分裂的属性，通过节点分裂才能产生完整的决策树，决策树分支的生成是按照某种分裂规则选择属性。特征变量则是影响样品数据的各种因素，针对本次研究的数据，指的是影响上覆水中总磷及床沙中总磷的流域水文、气象、地理特性等特征变量。

3）算法执行。通过上述两个步骤建立大量的决策树，就生成了随机森林。输出的结果根据每个决策树的投票结果决定，评估随机森林对已有数据的模拟结果。如结果满足要求，即可针对不同的特征变量实现对输出结果的预测。

支持向量机（Support Vector Machine，SVM）是一类按监督学习方式对大数据进行二元分类的机器学习方法，可有效地被用于探索非线性相关的两类指标的响应关系。水动力调控下的河网水质指标变化复杂且具有较大的随机性，通常不认为水质改善与水动力因子之间存在线性相关性，在河网水动力-水质大数据条件下，可利用 SVM 对水动力和水质指标进行非线性分类，探索两者未知的响应关系。

## 2.5  本章小结

本章结合了研究区域的河网水系情况及水质特征，设计水动力调控原型同步观测试验方案，对不同水动力调控方案下的现场水动力和水质数据和历史数据进行收集。主要结论如下：

（1）苏州古城河网为棋盘状的的网状结构，2013 年实施清淤活水后，古城河网水体由劣 V 类提升至 IV ～ V 类，DO、$NH_3-N$ 和 COD 仍是主要治理目标，需要进一步优化水动力调控。

（2）根据苏州古城河网水质改善目标设计大型同步原型监测试验方案，采用相关仪器和方法对河网水动力和水质数据进行实时监控和收集，对于水动力调控方案采用了苏州城市河网大包围远程电子操控系统，为原观试验方案的可控性和可靠性提供了保障。

（3）基于现场原型试验中存在的水质环境影响因子，采用主成分分析和偏相关分析法对水质和相关影响因子进行数据分析，引入机器学习法来有效识别水动力因子对水质指标的影响作用，探索水动力对水质指标作用机制，发掘内在的影响关系。

# 3 河网水动力-水质耦合模型构建与验证

平原城市河网水动力-水质耦合模型可用于描述平原河网复杂的水流、水质等特征参量的时空演变及分布规律,并评估平原城市河网水动力调控工作的有效性。但因其影响因素众多,在模型构建和应用上一直是个挑战。本章围绕苏州古城区河网水力学及水质特性,提出平原城市河网水动力-水质耦合建模方法,并基于水动力调控原型试验同步监测数据对模型进行率定和改进,分析不同水动力条件对河网各水质指标时空变化过程的影响,并通过苏州古城河网进行模型验证。

## 3.1 河网水动力-水质耦合模型与求解方法

### 3.1.1 基本控制方程

平原城市河网地区地势平坦,绝大多数河道坡降平缓,流量较小,而且由于河网中大量泵站、水闸和船闸等水利控制工程的存在,使河网的水力学描述更为复杂。因而在本书研究模型构建基本思想是:将平原城市河网的水域划分为骨干河道和相似成片水域两类;对骨干河道采用节点-河道模型;对相似成片水域采用将其划分为单元,经概化后将其纳入节点-河道模型计算。平原城市河网河道数量众多,并覆盖有管网,计算时间序列过长,河网整体采用 1D 模型进行模拟,运用经典的 St. Vennant 方程组[48]进行描述,方程如下:

$$B\frac{\partial Z}{\partial t} + \frac{\partial Q}{\partial x} = q \tag{3-1}$$

$$gA\frac{\partial H}{\partial x} + \frac{\partial(Q^2/A)}{\partial x} + \frac{\partial Q}{\partial t} + gAS_f = 0 \tag{3-2}$$

式中,$Q$ 为流量($m^3/s$);$A$ 为断面面积($m^2$);$Z$ 为水位(m);$B$ 为河面总宽度(m);$H$ 为水深(m);$g$ 为重力加速度;$S_f$ 为摩阻坡度。

采用动力波法对城市河网的管网进行模拟,可以求解管道中的逆向流、压力流和流量在河网中的衰减等。其思路为在节点(检查井)处满足方程(3-1)(节点可以是管段-管段、管网-河道、河道-河道的交汇点,也可以是管网的入水口),在河段(管段)中满足方程(3-2)。假设 $\frac{Q^2}{A} = v^2 A$($v$ 表示平均流速),将 $\frac{Q^2}{A} = v^2 A$ 代入方程(3-2)中对流加速度项 $\frac{\partial(Q^2/A)}{\partial x}$,可得方程(3-3):

$$gA\frac{\partial H}{\partial x} + 2Av\frac{\partial v}{\partial x} + v^2\frac{\partial A}{\partial x} + \frac{\partial Q}{\partial t} + gAS_f = 0 \tag{3-3}$$

将 $Q=vA$ 代入连续方程，方程两边同时乘以 $v$，移项得方程（3-4）：

$$Av \frac{\partial v}{\partial x} = -v \frac{\partial A}{\partial t} - v^2 \frac{\partial A}{\partial x} \qquad (3-4)$$

将方程（3-4）代入动量方程（3-3）中，得方程（3-5）：

$$gA \frac{\partial H}{\partial x} - 2v \frac{\partial v}{\partial t} - v^2 \frac{\partial A}{\partial x} + \frac{\partial Q}{\partial t} + gAS_f = 0 \qquad (3-5)$$

方程经有限差分格式处理可得：

$$Q_{t+\Delta t} = \frac{1}{1 + \left(\dfrac{J\Delta t}{\overline{R}^{4/3}}\right) |\bar{v}|} \left( Q_t + 2\overline{A}\Delta\overline{A} + \bar{v}^2 \frac{A_2 - A_1}{L} \Delta t - g\overline{A} \frac{H_2 - H_1}{L} \Delta t \right) \qquad (3-6)$$

式中，下标 1、2 分别表示河道（管段）的上下节点；$L$ 为河道（管段）长度（m）。$\bar{v}$、$\overline{A}$、$\overline{R}$ 分别为每一时间步长内的管道末端面积和水力半径的平均值，$J$ 为管道沿程损失。

平原河网由众多浅窄型小河道组成，其垂向尺寸远小于水平尺寸，纵向弥散作用远大于横向扩散作用。选取河网水体单位控制体进行分析，根据质量守恒原理，考虑河网水动力作用、弥散、污染物负荷、大气沉降、污染物降解、藻类作用、底泥作用的河网水质基本控制方程可表达如下，河网水质控制方程示意图见图 3.1。

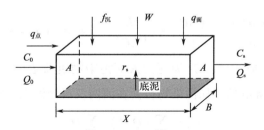

**图 3.1　河网水质控制方程示意图**

注：$Q_0$ 和 $Q_s$ 分别为单位控制体的流进流量和流出流量。

$$\frac{\partial CA}{\partial x}\mathrm{d}x + \frac{\partial}{\partial x}\left( D_x A \frac{\partial C}{\partial x} \right)\mathrm{d}x + \sum_{i=1}^{n} q_{点}\Delta x + r_s B\Delta x + q_{面}\Delta x + f_{沉}$$
$$= \left[ (C_0 A)_{t_2} - (C_s A)_{t_1} \right] L/\Delta t + S_w B\Delta x + \gamma(C)Ax \qquad (3-7)$$

式中，$C$ 为水体质量浓度；$D_x$ 为纵向扩散系数；$A$ 为过流断面面积，$q_{面}$ 为面源单位入汇强度，$q_{点}$ 为点源入汇强度；$r_s B\Delta x$ 为单位底泥污染物补给量，$f_{沉}$ 为大气干湿沉降物所含污染物的质量系数，$\gamma(C)$ 为单位水体净化率，是关于降解系数 $k$ 的函数，反映了河网水环境系统中的生物化学应规律，其机理的具体表达与模型建立时选取的水质模块及降解参数有关。在模型水质理论下，基于平原城市河网实际情况，考虑的水质作用关系理论如图 3.2 所示。

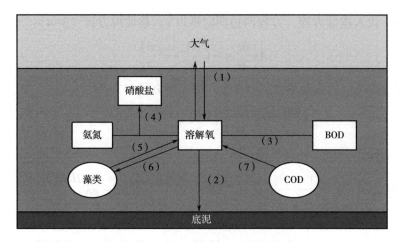

**图 3.2　河网中水质指标作用关系图**

其主要包括：①复氧作用；②底泥耗氧作用；③碳化合物 BOD 的耗氧；④氨氮与硝酸盐类耗氧；⑤藻类光合作用产氧；⑥生物呼吸作用耗氧；⑦COD 化合物耗氧。

在现场水动力调控原型试验条件下，河网水体经由水动力提升，假设水面浅窄的中小型河流中污染物浓度能在整个河道断面上快速地混合均匀，当河网水体污染物在横断面上混合均匀时。其在水体中的输移削减过程符合一维运动特征，一维非恒定水质输运方程为：

$$\frac{\partial(AC)}{\partial t} + \frac{\partial(QC)}{\partial x} = \partial\left(\frac{AD_{\mathrm{L}}}{\partial C}\Big/\partial x\right) + qC_{\mathrm{q}} + S_{\mathrm{c}} - S_{\mathrm{d}} \tag{3-8}$$

式中，$C$ 为河段水质浓度；$C_{\mathrm{q}}$ 为河段入河污染物负荷浓度；$D_{\mathrm{L}}$ 为纵向离散系数；$S_{\mathrm{c}}$ 内为源汇项，$S_{\mathrm{d}}$ 为降解项。如污染物负荷在河网汊口处汇入，则有下列公式：

$$C_0 = \sum (Q_i C_i) \Big/ \sum Q \tag{3-9}$$

在实际的模型研究中，为了便于数值模拟计算，将一维非恒定流水质控制方程展开，将其变形为：

$$\frac{\partial C}{\partial t} + U\frac{\partial C}{\partial x} = D_{\mathrm{L}}\frac{\partial^2 C}{\partial x^2} + q(C_{\mathrm{q}} - C)/A + S_{\mathrm{c}} - S_{\mathrm{d}} \tag{3-10}$$

其中，方程中对应的对流项、源汇项和纵向离散项分别为：

$$\frac{\partial C}{\partial t} + U\frac{\partial C}{\partial x} = 0 \tag{3-11}$$

$$\frac{\partial C}{\partial t} = q(C_{\mathrm{q}} - C)/A + S_{\mathrm{c}} - S_{\mathrm{d}} \tag{3-12}$$

$$\frac{\partial C}{\partial t} = D_{\mathrm{L}}\frac{\partial^2 C}{\partial x^2} \tag{3-13}$$

而对于降解项，由论文所关注的水质指标出发则有：

$$\frac{\partial DO}{\partial t} = \sum (AOCR - AONT) - K_n NH_4 - K_{COD} COD + K_r (DO_s - DO) + \frac{SOD}{\Delta z}$$

$$(3-14)$$

式中，$(AOCR-AONT)$ 表示河网水体中各藻类光合作用与呼吸作用之差，$K_n$ 和 $K_{COD}$ 分别表示氨氮与 COD 在河网中的降解系数，$K_r$ 为复氧系数，在河网中这些系数与水动力条件相关，其取值会在第四章中讨论，$DO_s$ 为溶解氧饱和浓度（mg/L），$SOD$ 为底泥需氧量 ［mg/（L·d）］。

此水质求解问题中，对流项和源汇项是问题的关键，本书研究采用的四阶精度改进 Preissmann 格式，则有利于模拟河网的大尺度纵向梯度场。

### 3.1.2 模型求解方法

平原河网控制方程组的数值离散采用稳定性和计算精度均表现良好的 Preissman 四点隐格式数值解法，允许时间步长和空间步长变化，其简化的四点线性隐格式如下：

$$f|_M = \frac{f_{j+1}^n - f_j^n}{2} \tag{3-15}$$

$$\left.\frac{\partial f}{\partial x}\right|_M = \theta \frac{f_{j+1}^{n+1} - f_j^{n+1}}{\Delta x} + (1-\theta)\frac{f_{j+1}^n - f_j^n}{\Delta x} \tag{3-16}$$

$$\left.\frac{\partial f}{\partial t}\right|_M = \frac{f_{j+1}^{n+1} + f_j^{n+1} - f_{j+1}^n - f_j^n}{2\Delta t} \tag{3-17}$$

对于连续性方程：$B\dfrac{\partial Z}{\partial t} + \dfrac{\partial Q}{\partial x} = q$ 有以下关系：

$$\frac{\partial Z}{\partial t} = \frac{Z_{j+1}^{n+1} + Z_j^{n+1} - Z_{j+1}^n - Z_j^n}{2\Delta t} \tag{3-18}$$

$$\frac{\partial Q}{\partial x} = \theta \frac{Q_{j+1}^{n+1} - Q_j^{n+1}}{\Delta x} + (1-\theta)\frac{Q_{j+1}^n - Q_j^n}{\Delta x} \tag{3-19}$$

将以上关系代入连续性方程中有：

$$\frac{B_{j+\frac{1}{2}}^n}{2\Delta t}(Z_{j+1}^{n+1} + Z_j^{n+1} - Z_{j+1}^n - Z_j^n) + \theta \frac{Q_{j+1}^{n+1} - Q_j^{n+1}}{\Delta x} + (1-\theta)\frac{Q_{j+1}^n - Q_j^n}{\Delta x} = q_{j+\frac{1}{2}}$$

$$(3-20)$$

可写为：

$$Q_{j+1}^{n+1} - Q_j^{n+1} + C_j Z_{j+1}^{n+1} + C_j Z_j^{n+1} = D_j \tag{3-21}$$

其中：

$$C_j = \frac{B_{j+\frac{1}{2}}^n \Delta x_j}{2\Delta t \theta} \tag{3-22}$$

$$D_j = \frac{q_{j+\frac{1}{2}} \Delta x}{\theta} - \frac{(1-\theta)}{\theta}(Q_{j+1}^n - Q_j^n) + C(Z_{j+1}^n + Z_j^n) \tag{3-23}$$

对于动量方程 $\dfrac{\partial Q}{\partial t} + \dfrac{\partial}{\partial x}\left(\alpha\dfrac{Q^2}{A}\right) + gA\dfrac{\partial Z}{\partial x} + \dfrac{g|Q|Q}{C^2AR} = 0$，有如下关系：

$$\frac{\partial Q}{\partial t} = \frac{Q_{j+1}^{n+1} + Q_j^{n+1} - Q_{j+1}^n - Q_j^n}{2\Delta t} \tag{3-24}$$

$$\frac{\partial Z}{\partial x} = \theta\frac{Z_{j+1}^{n+1} - Z_j^{n+1}}{\Delta x} + (1-\theta)\frac{Z_{j+1}^n - Z_j^n}{\Delta x} \tag{3-25}$$

$$\frac{\partial}{\partial x}\left(\alpha\frac{Q^2}{A}\right) = \frac{\partial}{\partial x}(\alpha u Q) = \theta\frac{(\alpha u)_{j+1}^{n+1}Q_{j+1}^{n+1} - (\alpha u)_j^{n+1}Q_j^{n+1}}{\Delta x} + (1-\theta)\frac{(\alpha u)_{j+1}^n Q_{j+1}^n - (\alpha u)_j^n Q_j^n}{\Delta x} \tag{3-26}$$

$$g\frac{g|Q|Q}{C^2AR} = \left(\frac{g|u|}{2C^2R}\right)_j^n Q_j^{n+1} + \left(\frac{g|u|}{2C^2R}\right)_{j+1}^n Q_{j+1}^{n+1} \tag{3-27}$$

将以上关系代入动量方程可写为：

$$E_j Q_j^{n+1} + G_j Q_{j+1}^{n+1} + F_j Z_{j+1}^{n+1} - F_j Z_j^{n+1} = \Phi_j \tag{3-28}$$

其中：

$$E_j = \frac{\Delta x}{2\theta\Delta t} - (\alpha u)_j^n + \left(\frac{g|u|}{2\theta C^2R}\right)_{j+1}^n \Delta x_j \tag{3-29}$$

$$G_j = \frac{\Delta x_j}{2\theta\Delta t} + (\alpha u)_{j+1}^n + \left(\frac{g|u|}{2\theta C^2R}\right)_{j+1}^n \Delta x_j \tag{3-30}$$

$$F_j = (gA)_{j+\frac{1}{2}}^n \tag{3-31}$$

$$\Phi_j = \frac{\Delta x_j}{2\theta\Delta t}(Q_{j+1}^n + Q_j^n) - \frac{1-\theta}{\theta}\left[(\alpha u Q)_{j+1}^n - (\alpha u Q)_j^n\right] - \frac{1-\theta}{\theta}(gA)_{j+\frac{1}{2}}^n(Z_{j+1}^n - Z_j^n) \tag{3-32}$$

忽略上标 $n+1$，任一河段差分方程可写成如下形式：

$$Q_{j+1} - Q_j + C_j Z_{j+1} + C_j Z_j = D_j \tag{3-33}$$

$$E_j Q_j + G_j Q_{j+1} + F_j Z_{j+1} - F_j Z_j = \Phi_j \tag{3-34}$$

其中，$C_j$、$D_j$、$E_j$、$F_j$、$G_j$、$\Phi_j$ 均由初值计算，因此该方程组为常系数线性方程组。对一条具有 $L_2-L_1$ 个河段的河道（如图3.3所示），有 $2(L_2-L_1+1)$ 个未知变量，可以列出 $2(L_2-L_1)$ 个方程，再加上河网中河道两端的边界条件，从而形成封闭的代数方程组，可唯一求解未知量 $Q_j$、$Z_j$（$j=L_1$，$L_1+1$，$L_1+2$，$\cdots$，$L_2$）。

图3.3　河道断面示意图

### 3.1.3　边界处理

本书的河网模型边界条件和初始条件均根据丰富的实测资料进行设定，对于平原城市河网，支流交汇、集中分入流及伴随堰、闸等断面束窄变化的普遍存在，使得水流流态在这些局部区域产生急变，则需要根据能量守恒定律补充必要的计算条件，即河网内部区域的内边界条件，其中包括：

（1）涵洞、桥梁和弯道。

考虑涵洞、桥梁和弯道引起的明渠断面突扩或者收缩，采用伯努利方程计算水头损失。

$$Z_1 - Z_2 = \frac{Q^2}{2g}\left(\frac{-1}{A_1^2} + \frac{1}{A_2^2} \pm \frac{K_{12\,|\,21}}{A_{1\,|\,2}^2}\right) \tag{3-35}$$

式中，$Z_1$、$Z_2$ 上下游水位（m）；$A_1$、$A_2$ 分别为计算伯努利损失上下游断面面积（m²）；$K_{12\,|\,21}$ 为能量损失系数；$Q$ 为流量（m³/s）；$g$ 为重力加速度（m/s²）。其中 $K_{12\,|\,21}$ 值主要来自模型提供的经验值或者通过试验获得。

如图 3.4 所示，当在某个河段上设置桥，那么将离桥较近的断面复制于桥的另端，采用"连接"连接两个断面，而这个"连接"则被定义为桥。当桥洞足够长时，则设置为涵洞。此外，桥梁的束窄和壅水作用还可以采用拱坝模块和 US BPR 桥梁模块进行计算。

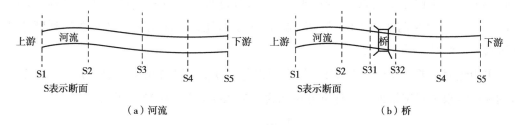

图 3.4　桥计算示意图

（2）泵。

泵的处理方式同桥，其设置分为四种情况：①泵关：表示泵两边断面的水位和流量相等；②泵停：表示流量为 0，模拟泵阀门关闭的效果；③泵开：假设泵最大功率运行，并且其输出水头和流量采用 $Q-h$ 关系曲线求解；④泵通：此模式模拟无回流的状况，此时泵出流可近似看作孔口出流。

（3）闸和堰。

闸和堰在河道上的设置方式同桥，此外，需对闸和堰的各项规格参数进行设置。闸门及堰的参数包括堰顶高程、堰宽、堰顶长度、上游河床高度、下游河床高度、闸门深度以及闸门宽度等。此外，还需设置闸门流量系数、控制方式以及控制时间、闸门的最大、最小开启高度以及闸门的开启速度。

（4）交汇。

当有两条及以上河道汇流或者分流以及明渠与涵洞相连且进出涵洞的水头损失可

忽略时，采用交汇连接的方式进行处理。交汇处流量 $Q_1 + Q_2 + \cdots + Q_n = 0$，水位 $Z_1 = Z_2 = \cdots = Z_n$。

（5）可调蓄点。

具有连通性的塘堰可视为可调蓄的水量点，给定水位库容曲线。

而外边界条件分为四种：①流量条件；②水位条件；③水位-流量条件；④水质条件。边界条件应根据不同工况的计算目标进行设置。根据边界类型的不同，在耦合时选择相应的时间序列，便可以将水动力和水质的内外边界条件与计算网格关联起来进行运算。

在处理边界条件后，将断面和内外边界连接起来形成河网模型。在创建了断面以及内边界这些单一对象之后，将这些单一对象连接起来形成河网模型。模型中所有断面数据及形状均根据实测资料所得，包括起点距、相应点高程、糙率以及断面间距等信息，对于缺乏资料的断面则通过上下游最近断面资料进行概化。离散的断面使用连接相连，断面和内边界之间使用连接性连接，特别的内边界河流交汇处使用交叉点进行连接。同时对断面的方向、角度以及左右岸标记进行修正，从而完成平原城市河网水系计算模型的构建。

构建完成后采用边界条件进行模型计算，常用的边界类型包括：流量过程（flow-time）、水位流量关系（flow-stage）、水位过程（stage-time）、降雨过程（rainfall）等。计算结果与实测水位-流速-流量-水质对比，不断调节模型参数达到模拟结果数值与实测结果趋于一致。

采用绝对误差平均值（$MAE$）、均方根误差（$\sigma_{AE}$）以及相关系数（$R$）对各个测点的模拟结果进行定量评估，计算方法如式（3-36）~式（3-38）所示。

$$MAE = \frac{1}{N}\sum_{i=1}^{N} |h_{obs} - h_{sim}| \qquad (3-36)$$

$$\sigma_{AE} = \sqrt{\frac{1}{N}\sum_{i=1}^{N} (\varepsilon_i - MAE)^2} \qquad (3-37)$$

$$R = \frac{\sum_{i=1}^{N}(h_{obsi} - \overline{h_{obs}})(h_{simi} - \overline{h_{sim}})}{\sqrt{\sum_{i=1}^{N}(h_{obsi} - \overline{h_{obs}})}\sqrt{\sum_{i=1}^{N}(h_{simi} - \overline{h_{sim}})}} \qquad (3-38)$$

式中，$h_{obs}$ 为水位观测值（m），$h_{sim}$ 为水位模拟值（m），$\varepsilon_i$ 为 $i$ 时刻水位误差值（m）。

在设定边界条件以后，针对各观测站输入的流量时间系列和水位时间系列，程序根据计算时段自动对边界条件进行适当的延续和拓展，以弥补水动力调控试验中各点位观测时间不一致的不足。

模型边界参数的率定验证选择需满足至少两场率定和两场验证的场次要求，并且通过计算相关系数 $R^2$ 和 Nash 系数以及水位、流量的最大误差评估模型的精度，从而准确刻画模型中的相关参数。

## 3.2 平原城市河网水动力-水质耦合模型构建资料需求

随着科技需求的发展，当前平原城市河网模型的研究服务对象越来越广泛，其中包括平原河网地区在城镇化进程下的产汇流机制研究、城镇区域的洪水演进与洪涝风险分析、智能管理下的闸坝工程群调度研究、基于水动力调控的城市生态补水、河网水体污染物输运与转移、河库连通的泥沙输运及潮汐利用等水安全热点研究问题。在这些问题研究中，数据的质量是相关模型构建与计算准确度的基础，丰富且详实的数据可以大大提高模型的计算精度。分析河网模型所需基础数据类型和格式，建立平原城市河网基础数据资源库，对提高模型构建速度和精度具有重要意义。

目前，河网模型按求解难度主要可分为河网一维模型和河网一、二维耦合模型。我国平原河网地区涉河工程众多，因而构建河网数学模型时，所需的基础数据资料包括可反映建模河网区域及地面地形的 GIS 数据、水利建筑物及水利工程调度资料及可反映水利工程水力特性的数据等建模资料和模型边界资料。其中，模型边界基础资料主要包括水文数据资料和水质资料。

（1）建筑物及水利工程调度资料。

建筑物主要包括河道纵横断面、堤防、水闸、涵洞、桥梁、泵站等。其中河道断面信息包含河道名称、断面名称、起点距（m）、高程（m）、至左岸堤防距离（m）等；堤防数据包含提防（段）名称、堤防（段）起点位置、堤防（段）终点位置、堤防（段）类型、堤防（段）长度（km）等；水闸工程信息包含水闸名称、所在河流名称、水闸类型、闸孔数量、闸孔总净宽（m）、过闸流量（m³/s）、橡胶坝坝高（m）、橡胶坝坝长（m）；涵洞工程信息包含涵洞名称、所在堤防或道路、涵洞底高（m）、涵洞高（m）、涵洞长（m）、涵洞宽（m）；桥梁工程包含桥梁名称、所在河流、桥长（m）、桥高（m）、桥宽（m）；泵站工程包含泵站名称、所在河流、泵站类型、装机流量（m³/s）、装机功率（kW）、设计扬程（m）、水泵数量（台）等。

（2）河网水力特性资料。

平原城市河网水力特性资料主要包括河道水力特性、淹没区糙率、堰流资料等。河道水力特性包括河段名称及糙率；淹没区糙率包含土地类型及糙率；堰流资料包含进水口名称、堰流流量、堰流侧收缩系数、侧堰溢流角度等；闸孔资料包含闸孔名称、闸孔流量系数等。

（3）水文资料。

平原城市河网水文资料主要包括水位站、河网河道水情、堰闸水情、设计流量特征值、河道控制断面流量与水位关系等，包括河道名称、流量、水位，以及一日流量（m³/s）、五日流量（m³/s）、十日流量（m³/s）、三十日流量（m³/s）等数据。

（4）水质资料。

平原城市河网水质资料包括河网上游来水水质数据，河网内各监测河段的水质指标数据，区域污染物负荷大小以及相关的底泥数据等。

## 3.3 河网水动力–水质耦合模型应用

### 3.3.1 模型范围

苏州古城河网模型的构建包括河道断面创建、河段的创建与连接、水工建筑物及调度的添加等。模型模拟区域为苏州古城河网内一环、三横三直及其他支河道，包括了古城区河网内大小河道共80余条，在进行河网水动力模拟前需对河网进行合理的概化。根据研究区域的地形条件及水流情况，重点考虑古城河网区域内引水条件下水流主流动方向的骨干河道，既要尽量体现实际河网的水力特征，又要使河网容量保持在适当的、可求解的范围，同时，还需保证古城河网系统输水和槽蓄能力在概化前后总体上保持相似，苏州古城区河网模型在概化时主要遵循了以下准则：

（1）为保持原有骨干河道的水力比降，河道总长尽可能保持不变，且流量模数也尽可能保持不变。

（2）南北向的主水流方向不做合并，次要河道可适当合并。

（3）空间步长应综合考虑河道沿程断面变化情况，河道弯曲程度、水工建筑物以及其他影响水力特性的因素，进行适当加密。

模型以实测资料为基础，共创建断面850个、河段82段、河网总长度46.51km，区域内有闸门26座、泵站11座、活动溢流堰2座。闸泵具体布置情况和名称见图3.5和表3.1。

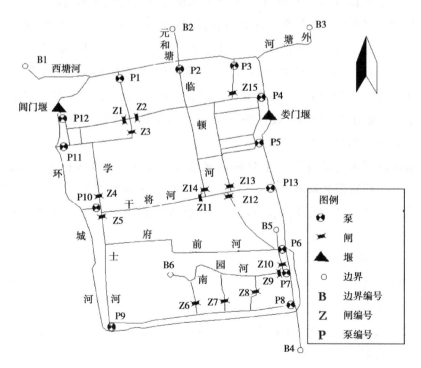

**图3.5　河网模型示意及区域水利工程说明图**

表 3.1　古城河网主要闸泵

| 泵编号 | 名称 | 闸编号 | 名称 |
|---|---|---|---|
| P1 | 平四泵闸 | Z1 | 混堂弄闸 |
| P2 | 齐门泵站 | Z2 | 金平闸 |
| P3 | 北园泵站 | Z3 | 河船闸 |
| P4 | 娄门泵站 | Z4 | 升平闸 |
| P5 | 东园泵站 | Z5 | 渡子闸 |
| P6 | 葑门泵站 | Z6 | 竹辉闸 |
| P7 | 南园泵站 | Z7 | 薛家闸 |
| P8 | 邱家村泵站 | Z8 | 庙桥浜套闸 |
| P9 | 幸福村泵站 | Z9 | 杨家闸 |
| P10 | 学士河泵站 | Z10 | 二郎巷闸 |
| P11 | 阊门泵站 | Z11 | 顾家桥闸 |
| P12 | 尚义桥泵站 | Z12 | 官太尉闸 |
| P13 | 相门泵站 | Z13 | 怨桥闸 |
| | | Z14 | 顾家桥闸 |
| | | Z15 | 北园闸 |

### 3.3.2　边界条件

1. 水动力特性边界条件

由图 3.5 可知，古城河网上游边界有：西塘河 B1、元和塘 B2 和外塘河 B3，根据进水口流量大小设定流量过程；后期根据实际原型观测方案，对入流边界进行增减。下游边界位于模拟区域东南角出流位置 B4，为水位过程。B5 和 B6 为断头河，此处设置为闸门关闭无流量交换。娄门堰和阊门堰为两个重要的内边界，装有新型的活动翻板门溢流堰（见图 3.6）。此类新型溢流堰可以通过控制角度调节操纵过流大小，达到形成上下游水位差的效果，既增大河道水体复氧效果，不阻碍游船运行和城市防洪，且闸顶过流的方式使得流速增大的水体不会对底泥冲刷造成扰动，避免了底泥释放的二次污染。

图 3.6　苏州古城河网活动翻板门溢流堰实景（现场拍摄）

本书采用室内物理模型试验方法来确定活动翻板门溢流堰的堰流系数（图3.7），设置不同流量与不同开度的组合方案，并通过对多组方案下的水流流速、流态及上下游水位差等诸多水力参数进行测量和计算分析，研究不同组合方案下的活动翻板门壅水效果和过流能力，建立不同工作条件下的翻版闸门过流流量和上下游水位差关系曲线。

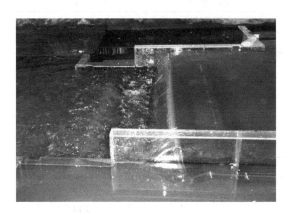

图3.7　活动溢流堰室内模型试验现场

通过大量不同流量方案下的物理模型试验得到活动溢流堰与上下游水位差的相关性结果如图3.8所示，溢流堰翻板门开启90°时，上下游水位差最大，当试验条件达到25m³/s时，上下游最大水位差可达到127.2cm。根据物理模型试验成果确定活动翻板门的堰流系数为0.85。

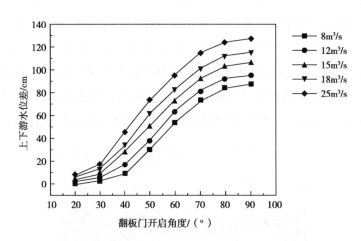

图3.8　活动溢流堰翻板门过流流量–开启角度–水位差相关关系

根据物理试验结果以及河网现场条件对活动翻板门溢流堰参数进行具体设置，如表3.2所示。干将河西段与中段之间有一段涵洞设置成交叉点。古城区内多跨河桥，形状各异，对河道水流有束窄作用，因此建模中也考虑了桥的影响。具体闸泵运行状态根据现场原型监测试验引水方案设置。

表3.2　古城河网活动溢流堰基本参数

| 参数名称 | 具体内容 | 参数名称 | 具体内容 |
|---|---|---|---|
| 堰顶高程 | 3.5m | 堰宽 | 16m |
| 堰高 | 2.7m | 堰基座高程 | 0.8m |
| 上游河床高程 | 0.0m | 下游河床高程 | 0.0m |
| 流量系数 | 0.85 | 开启速度 | 3min |
| 控制方式 | 逻辑控制 | 控制时间 | 与试验方案一致 |
| 闸门竖起堰顶高程 | 3.5m | 闸门卧倒堰顶高程 | 1.5m |

　　河道断面形态是塑造河网水动力特性的主要因素之一。天然河道的断面形态受水流特征、河床特征等因素的影响，河道断面形态各有不同。而平原河网地区的河道通常流量较小且较为稳定，由于经过清淤，苏州古城河道的河床泥沙形态基本保持一致，河网中各河道的河槽形态极为相似，大多数呈梯形特征，因此在进行平原河网水流相关问题的研究中，可以近似以梯形断面形态为基础开展研究工作。并且在人工明渠的条件下，已有一些学者在概化梯形断面型态基础上开展平原河网研究工作。

　　根据河道断面实测资料及遥感影像设置底高程和河道形状。苏州古城河网外围环城河断面可概化为梯形，古城河网内大部分小型河道边坡陡峭或直立，可概化为矩形，概化后的断面过水面积与原河道保持一致（如图3.9所示）。

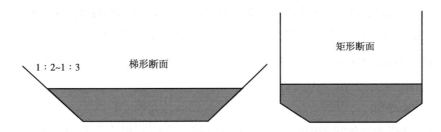

图3.9　苏州古城河网断面形状示意图

　　河道糙率作为重要的河道水力参数，是反映平原城市河网阻水作用的综合系数。糙率可影响河道流速，其取值的准确性会直接影响到模型的可靠性。一般情况下，在河道模型的建立过程中，往往通过查表法来确定河网糙率。查表法根据已知河床壁面的表面特征，查询糙率取值参考图表来估算糙率。该方法属于经验方法，操作简单但由于受人为影响，准确性难以保证。基于论文水动力调控试验中所收集到的大量河网现场观测数据，以计算值与实测值误差最小为目标，可通过反演法来求解苏州古城河网糙率。

在对河网糙率进行反演时，需要明确三个要素，设计变量、目标函数和约束条件。

（1）设计变量。

设计变量是指在优化过程中所要选择的基本参数，优化的目的就是要找出这些参数的最优组合。在河网糙率优化反演模型中，所求得各个河道的糙率即为设计变量。假设河网中共有 $N$ 个糙率需要求解，那么该问题的设计变量就可以记为：

$$n_i = (n_1, \ n_2, \ \cdots, \ n_N)^{\mathrm{T}} \tag{3-39}$$

式中，$n_i$ 为第 $i$ 个需要求解的糙率。

（2）目标函数。

目标函数是判断设计变量解方案优劣的标准，它是设计变量的函数。在河网糙率优化反演模型中，往往选择实测数据与计算值之间的均方差值作为糙率优化的目标函数。实测数据既可以是水位，又可以是流量，也可以同时考虑水位和流量，因此目标函数可以写成：

$$f(n) = \frac{1}{CC} \sum_{i=1}^{CT} \sum_{j=1}^{CC} (Z_j^{i\prime} - Z_j^i)^2 \tag{3-40}$$

或

$$f(n) = \frac{1}{CC} \sum_{i=1}^{CT} \sum_{j=1}^{CC} (Q_j^{i\prime} - Q_j^i)^2 \tag{3-41}$$

或

$$f(n) = \alpha \frac{1}{CC} \sum_{i=1}^{CT} \sum_{j=1}^{CC} (Z_j^{i\prime} - Z_j^i)^2 + (1 - \alpha) \frac{1}{CC} \sum_{i=1}^{CT} \sum_{j=1}^{CC} (Q_j^{i\prime} - Q_j^i)^2 \tag{3-42}$$

式中，$CT$ 为验证资料的时刻数；$CC$ 为验证资料的实测个数；$Z_j^{i\prime}$、$Z_j^i$ 分别为第 $j$ 个验证点在第 $i$ 个时刻水位的实测值与计算值；$Q_j^{i\prime}$、$Q_j^i$ 分别为第 $j$ 个验证点在第 $i$ 个时刻流量的实测值与计算值；$\alpha$ 为权重系数，根据验证资料中水位和流量的量级及重要性确定。

（3）约束条件。

约束条件即为优化问题中设计变量的可行域，在河网糙率优化反演模型中为糙率的取值范围，即：

$$n_{\min} \leqslant n \leqslant n_{\max} \tag{3-43}$$

式中，$n_{\min} = (n_{1_{\min}}, \ n_{2_{\min}}, \ \cdots, \ n_{N_{\min}})$，$n_{\max} = (n_{1_{\max}}, \ n_{2_{\max}}, \ \cdots, \ n_{N_{\max}})$，$n_{i_{\min}}$、$n_{i_{\max}}$ 分别为第 $i$ 个糙率取值的下限和上限。

河网糙率优化反演模型的实质就是寻求约束条件下，使得目标函数最小的糙率组合，其中目标函数可以根据河网水动力求解模型计算得到。采用模拟退火算法建立河网糙率优化反演模型，其实现流程如图 3.10 所示。

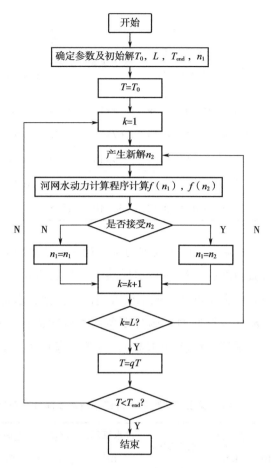

**图 3.10 河网糙率反演流程**

（4）河道糙率计算结果。

结合苏州古城河网原型观测资料，依据反演法计算得到苏州古城河网主要河段综合糙率，结果见表 3.3。

**表 3.3 苏州古城区河网主要河段的综合糙率**

| 编号 | 河段名称 | 水位/m | | 水位差/m | 河长/km | 水力坡降 | 过水面积/m² | 流量/(m³/s) | 湿周/m | 水力半径/m | 综合糙率 |
| --- | --- | --- | --- | --- | --- | --- | --- | --- | --- | --- | --- |
| | | 上游断面 | 下游断面 | | | | | | | | |
| 1 | 齐门河 | 3.120 | 3.100 | 0.020 | 0.744 | $2.69 \times 10^{-5}$ | 8.94 | 4.43 | 8.92 | 1.002 | 0.029 5 |
| 2 | 干将河 | 3.184 | 2.905 | 0.279 | 1.62 | $1.72 \times 10^{-4}$ | 11.7 | 4.52 | 9.68 | 1.209 | 0.038 5 |
| 3 | 官太尉河 | 2.971 | 2.951 | 0.020 | 0.58 | $3.45 \times 10^{-5}$ | 10.4 | 2.19 | 9.16 | 1.135 | 0.030 4 |
| 4 | 临顿河 | 3.080 | 2.960 | 0.120 | 0.75 | $1.60 \times 10^{-4}$ | 9.71 | 4.64 | 8.84 | 1.098 | 0.028 2 |
| 5 | 十全河 | 2.890 | 2.871 | 0.019 | 0.65 | $2.92 \times 10^{-5}$ | 10.5 | 1.75 | 10.56 | 0.994 | 0.032 3 |
| 6 | 平门河 | 3.033 | 2.92 | 0.113 | 0.78 | $1.45 \times 10^{-4}$ | 3.48 | 4.83 | 6.39 | 0.545 | 0.028 6 |

续表3.3

| 编号 | 河段名称 | 水位/m 上游断面 | 水位/m 下游断面 | 水位差/m | 河长/km | 水力坡降 | 过水面积/m² | 流量/(m³/s) | 湿周/m | 水力半径/m | 综合糙率 |
|---|---|---|---|---|---|---|---|---|---|---|---|
| 7 | 西北街河 | 3.080 | 2.950 | 0.130 | 0.846 | $1.54×10^{-4}$ | 3.68 | 1.12 | 5.46 | 0.674 | 0.031 3 |
| 8 | 新桥河 | 2.995 | 2.986 | 0.009 | 0.54 | $1.67×10^{-5}$ | 4.81 | 0.69 | 6.22 | 0.773 | 0.024 0 |
| 9 | 苗家河 | 2.659 | 2.636 | 0.023 | 0.64 | $3.59×10^{-5}$ | 9.83 | 1.74 | 8.93 | 1.101 | 0.036 1 |
| 10 | 学士河北段 | 2.920 | 2.741 | 0.179 | 1.18 | $1.52×10^{-4}$ | 7.42 | 1.96 | 8.16 | 0.909 | 0.043 8 |
| 11 | 学士河南段 | 2.714 | 2.675 | 0.039 | 0.52 | $7.50×10^{-5}$ | 15.5 | 3.96 | 11.77 | 1.317 | 0.040 7 |

由表3.3可知,苏州古城河网的主要河道综合糙率取值范围为0.024~0.040,表明反演计算所得的苏州古城河网综合糙率基本反映了石质驳岸材料的粗糙程度以及河道形态的阻力特性;且由 $n$ 值大小可知,顺水流方向由北向南,水动力条件会不断减弱。

研究中苏州古城区河网现场原型观测分夏冬两季两次进行,利用冬季原观下水动力条件最优的进口两处,平门河和盘门内城河两处流量条件来反演计算河道综合糙率,并进行对比,见表3.4。

表3.4 两次现场原型观测综合糙率结果反演计算对比

| 编号 | 河段名称 | 水位差/m | 河长/km | 水力坡降 | 过水面积/m² | 流量/(m³/s) | 湿周/m | 水力半径/m | 综合糙率 |
|---|---|---|---|---|---|---|---|---|---|
| 1-1 | 盘门内城河 | 0.022 | 1.340 | $1.64×10^{-5}$ | 11.30 | 2.44 | 12.11 | 0.933 | 0.030 4 |
| 2-1 | 盘门内城河 | 0.020 | 1.201 | $1.67×10^{-5}$ | 7.56 | 1.10 | 6.24 | 1.212 | 0.031 9 |
| 1-2 | 平门河 | 0.113 | 0.780 | $1.45×10^{-4}$ | 3.48 | 4.83 | 8.92 | 1.002 | 0.032 5 |
| 2-2 | 平门河 | 0.020 | 0.744 | $2.69×10^{-5}$ | 8.94 | 4.43 | 8.39 | 0.945 | 0.033 6 |

由表3.4可以看出,夏冬两次原型观测盘门内城河河道综合糙率的误差为4.93%,平门小河为3.27%,均在5.00%以内。两次原型观测计算所得的河道综合糙率相对误差较小,这说明两次原型监测期间的测量数据合理,可作为河网水流模型参数率定的依据。

对于城市河道底部沉积物边界,在平原城市河网模型中,由于风力作用对水动力的影响甚小,因而流速提升带来的底部切应力是河网底部沉积物再悬浮的主要因子。平原城市河网正常状态下水体流速一般为1~10cm/s,而在本研究中的水动力调控条件下,河网水体平均流速可以达到30~40cm/s,不可避免地会对底部沉积物产生作用,从而对水质产生影响。底部沉积物的厚度也会影响河道糙率大小,进而对河道流速也会产生作用。

但事实上，研究中所考虑的平原城市河网主要问题污染物如氨氮等与悬浮沉积物不存在强烈的相互吸附作用，因此不会随着悬浮物沉降至底部沉积物中。在模型中，不考虑底部沉积物再悬浮对河网水质的影响。但可通过水动力调控现场观测数据分析底部沉积物再悬浮对水质和水体透明度的影响。

2. 水质边界条件

模型中使用非降雨条件下的现场试验数据作为主要数据源，包括流量、流速、总悬浮固体浓度和各目标水质浓度，时段分别为2016年11月20日至12月10日，2017年5月17日至6月30日。考虑到原型监测试验期间，古城区河网内流量、水位、流速均由人工控制，河网外围水质稳定为Ⅲ类水的引水水源，且苏州市的四座污水处理厂，包括苏州市城西污水处理厂、娄江污水处理厂、城东污水处理厂和苏州市福星污水处理厂均不在古城区范围内，因而古城河网内相对稳定的水动力条件和生活污水的稳定流入，使得古城区河网是一个理想的模型系统，可以通过进出口的污染物平衡洞悉整个河网空间在不同水动力条件下的污染物时空变化。

苏州古城区河网的污染源主要是生活污水和工业污水，且苏州河网的水质治理目标为Ⅳ类水，根据现场监测断面所得实测数据已知河网的超标水质污染指标为3个，即溶解氧（DO）、化学需氧量（COD）和氨氮（$NH_3-N$），故模型选择COD（化学需氧量）、$NH_3-N$（氨氮）和DO（溶解氧）三个水质指标进行模拟。COD指标体现了河网水体中受还原性物质（主要是有机污染物）污染的程度，在平原河网中，COD的主要组成为有机污染物和从沉积物中释放的硫化物，工业废水排放和生活污水为其主要污染来源。氨氮化合物（$NH_3-N$）主要来源为居民生活污水中含氮有机物的分解产物，合成氨等工业废水等。河网水体中的氨氮会影响水生物生长，严重可造成死亡。此外饮用水中若含有氨氮会对人体健康极为不利。而溶解氧是溶解在水中的氧气的总量，为健康水生系统所必需。DO指标大小是河网水体水环境的整体客观反映，是评价城市河网水环境最重要的水质指标。根据《苏州城市规划区河网水系总体规划总报告》的污染物现状调查结果可知，在本研究的苏州古城河网区域内，有四个主要工业污水点源，分别排入元和塘、外城河和临顿河（位置见图3.11），与古城区河网直接相关的两个工业污水点源均位于临顿河商业区处。废水总流量为807万t/a，COD排放总量为929t/a，$NH_3-N$污染物排放总量为618t/a。古城河网区域生活污水的COD总浓度为175.85mg/L，$NH_3-N$的总浓度为53.75mg/L。而在非降雨条件下，城市河网面源污染主要由大气污染沉降和地表清扫污染组成，根据相关文献，确定该部分面污染量为河道水体总污染量的20%。

平原城市河网水体的降解环境和相关参数与天然河流有较大差别，为了降低水质模型校准参数的不确定性，与河网水体中$NH_3-N$、COD和DO反应过程相关的重要参数，包括污染物指标的纵向扩散系数$D$和线性衰减系数$k$，空间硝化速率、碳质脱氧率和沉积物需氧量（$SOD$）均由2017年夏季原观测量采样并由江苏省水文水资源勘测局苏州分局实验室测量得到。考虑到苏州古城河网在引水下的污染物输入与输出稳态条件，以及探寻在不同水动力条件下的水质时空变化差异，水质模型在流量输入下随时间变化以达到稳态条件，模拟时间与为期一个月的原观时间保持一致。且在现场原型监测实验中，同一监测断面的上午与下午的水质指标数据相近，可认为在此状态下，水体污染物在水动力提升作用下完成充分混合。

**图 3.11 研究区域内工业污水直接排放点**

根据式 3-10 可知，水体中污染物的输运方程已经与水流的控制方程解耦，可以为河网水质控制方程的求解带来一定便利。而事实上，由于污染物降解作用的复杂性和不同污染物种类之间的相互影响，水质的模拟经常涉及多个水质指标进行求解，对模型中各个离散参数的选择有更高的要求。城市河网中各断面地形的变化对流速场影响较小，利于浓度场的模拟。事实上河网水质模型的难点在于对河网水体污染物降解过程的理解，因而对河网水质模型参数的精确度有了更高要求。

水动力-水质耦合时，需要通过设置不同水动力条件来调整 BOD 脱氧速率和 SOD 的空间异质性，以契合现场水动力调控试验条件。选取好模拟的水质指标后，在水质模型建立中，先构建 DO 过程，将溶解氧设置为状态变量，其过程与光合作用产氧、硝化作用耗氧、有机物降解耗氧、大气复氧、底泥有机质耗氧和呼吸作用耗氧等过程有关。质量平衡表达式如下：

$$\frac{\mathrm{d}BOD}{\mathrm{d}t} = \mathrm{reaera} - Y \times \mathrm{nitri} - \mathrm{bodde} - \mathrm{phtsyn} - \mathrm{resp}T - \mathrm{sod} \tag{3-44}$$

式中，reaera 为大气复氧过程；$Y \times \mathrm{nitri}$ 为硝化作用过程；bodde 为有机物降价过程；phtsyn 为光合作用过程；$\mathrm{resp}T$ 为呼吸作用过程；sod 为底泥耗氧过程。其中，大气复氧过程、光合总用及呼吸作用为内设模块。

模型提供的氨氮转化为硝氮的硝化过程耗氧量计算表达式为：

$$\mathrm{nitri} = K_2 \times NH_3 - N \times \theta_2^{T-20} \frac{DO}{DO + HS_{\mathrm{nitr}}} \tag{3-45}$$

式中，$K_2$ 为20℃下硝化反应速率（1/day）；$NH_3-N$ 为氨氮浓度（mg/L）；$\theta_2^{T-20}$ 为硝化反应的温度系数，$HS_{\mathrm{nitr}}$ 为硝化反应的半饱和浓度（mgO$_2$/L）。

底泥中的需氧量与温度、DO 自身浓度有关，计算表达式为：

$$\mathrm{sod} = \frac{DO}{DO + HS_{\mathrm{SOD}}} \theta_3^{T-20} \tag{3-46}$$

式中，$HS_{\mathrm{SOD}}$ 为底泥需氧量的半饱和浓度（%）；$\theta_3^{T-20}$ 为 BOD 降解的温度系数。COD 的质量平衡表达式为：

$$\frac{\mathrm{d}COD}{\mathrm{d}t} = -\mathrm{codde} = -K_{\mathrm{COD}} COD \theta_{\mathrm{COD}}^{T-20} \tag{3-47}$$

式中，codde 为化学需氧量降价过程，$K_{\mathrm{COD}}$ 为 20℃下 COD 降解速率（1/day）；$COD$ 为化学需氧量浓度（mg/L）；$\theta_{\mathrm{COD}}^{T-20}$ 为 COD 降解的温度系数。

水质模型的扩散系数由以下公式计算：

$$D = aV^b \tag{3-48}$$

式中，$V$ 是流速，$a$ 和 $b$ 是系数。NH$_3$-N 和 COD 指标的 $a$、$b$ 和 $k$ 取值见表3.5。

表3.5  污染物扩散系数取值表

| 污染指标 | $a$/（m²/s） | $b$ | $k$/（10⁻³h⁻¹） |
|---|---|---|---|
| COD | 5 | 0 | 0.000 617 |
| NH$_3$-N | 5 | 0 | 0.000 423 |

古城河网沉积物需氧量（$SOD$）根据现场底泥采样数据进行校正。其中齐门河、学士河、临顿河和干将河四点的理化指标采样结果如表3.6所示，四个点位的底泥颗粒均以粒径 0.005~0.075mm 的粉粒为主，平均粒径为 0.013~0.028mm。底泥的含水率和孔隙率能够反应颗粒的受水动力扰动的悬浮能力，临顿河由于地处苏州古城最繁华地段，长期受污染严重，底泥累积的 COD 污染物含量较高。而水质较好的齐门河段，其底泥中污染物含量也最低。由于苏州古城河网自 2014 年起，每两年保证清淤一

次，因而底泥沉积物厚度并不大，经测量大部分河道底泥厚度均在 20cm 以内。且苏州城市河网水体中强吸附性的磷污染物指标满足Ⅳ类以上标准，故在本研究中的模型中可尽量降低底部沉积物悬浮的影响，将底部沉积物再悬浮切应力设为一个较大的值，从而尽量减小沉积物的再悬浮过程，现场底泥采集见图 3.12。

表 3.6　河网底泥理化性质统计表

| 采样位置 | 含水率 $\omega$/% | 土粒比重 $G_s$ | 孔隙率 $\phi$/% | TP/mg | TN/(mg/kg) |
|---|---|---|---|---|---|
| 齐门河 | 38.32 | 2.71 | 61.05 | 545.11 | 1 229.78 |
| 学士河 | 49.89 | 2.68 | 67.95 | 67.95 | 2 282.92 |
| 临顿河 | 53.02 | 2.61 | 72.73 | 72.73 | 2 769.24 |
| 干将河 | 52.71 | 2.66 | 73.59 | 73.59 | 2 015.31 |

图 3.12　苏州古城河网现场底泥采集

　　水质模型的水动力边界条件由前文已给出，河网内各河段水质边界条件根据现场原观实测水质浓度资料，古城河网进水口来源的元和塘，外塘河及环城河水质本底值按照长江水质的Ⅲ类水进行设定。各污染物指标在国家地表水标准中各类水中的下限见表 3.7。

表 3.7　地表水标准各类别的水质指标浓度

| 水质指标 | Ⅰ类 | Ⅱ类 | Ⅲ类 | Ⅳ类 | Ⅴ类 |
|---|---|---|---|---|---|
| COD≤ | 10 | 15 | 20 | 30 | 40 |
| $NH_3-N$≤ | 0.15 | 0.5 | 1.0 | 1.5 | 2.0 |
| DO≥7.5 | 7.5 | 6 | 5 | 3 | 2 |

　　模型计算时间步长为 30s，水位初始条件设为多年平均水位值，水质初始条件按照

水动力调控前环城河水质数据设定，通过延长计算时间的方式消除初始条件对结果的影响。

### 3.3.3　模型率定与验证

#### 1. 模型率定

本节采用苏州古城河网现场大型同步原型监测的实测数据对模型进行率定。通过对试验条件下的引水情景进行反演计算，将模型结果与原型监测成果进行对比，并按照模型率定验证相关规范要求，率定中采用 Nash-Sutcliffe 系数 $NSE$ 和可决系数 $R^2$ 对模型有效性进行评定。Nash-Sutcliffe 系数用于表示模拟计算值系列与实测系列数量级近似程度，可决系数 $R^2$ 用来表示模拟计算值系列与实测系列形状吻合程度，计算公式如下：

$$NSE = 1 - \left[ \frac{\sum_{i=1}^{n} (Y_i^{obs} - Y_i^{sim})^2}{\sum_{i=1}^{n} (Y_i^{obs} - Y_i^{mean})} \right] \tag{3-49}$$

$$R^2 = \frac{\left[ \sum (Y^{obs} - \overline{Y^{obs}}) \right] (Y^{sim} - \overline{Y^{sim}})^2}{\sum (Y^{obs} \overline{Y^{obs}})^2 \sum (Y^{sim} - \overline{Y^{sim}})^2} \tag{3-50}$$

式中，$NSE$ 为模拟场次水量过程 Nash-Sutcliffe 系数；$Y_i^{obs}$ 为实测序列第 $i$ 列数据；$Y_i^{sim}$ 为计算序列第 $i$ 位数据；$Y_i^{mean}$ 为实测序列均值。$R^2$ 为模拟场次河网水量过程可决系数；$Y^{obs}$ 为实测序列数据；$Y^{sim}$ 为计算序列数据；$\overline{Y^{obs}}$ 为实测序列均值；$\overline{Y^{sim}}$ 为计算序列均值。

苏州古城河网各主要河道率定结果如表 3.8 所示。

表 3.8　模型率定结果表

| 序号 | 河道名称 | $NSE$ | $R^2$ | 序号 | 河道名称 | $NSE$ | $R^2$ |
|---|---|---|---|---|---|---|---|
| 1 | 齐门河 | 0.98 | 0.98 | 6 | 北园河 | 0.83 | 0.93 |
| 2 | 平门河 | 0.95 | 0.96 | 7 | 中士河 | 0.86 | 0.96 |
| 3 | 临顿河 | 0.28 | 0.89 | 8 | 平江河 | 0.12 | 0.84 |
| 4 | 干将河 | 0.93 | 0.95 | 9 | 南园河 | 0.92 | 0.96 |
| 5 | 学士河 | 0.81 | 0.87 | 10 | 盘门内城河 | 0.91 | 0.93 |

模型率定结果表明，全古城河网区的计算值与实测值大小平均误差能控制在 5cm 内，$NSE$ 超过 0.7 的断面占比 85% 以上，可决系数 $R^2$ 均在 0.9 左右，表明本书建立的河网模型具有较高的精度，可以比较准确地模拟苏州古城河网的水力特性。

2. 水动力条件对比验证

根据上节推求的河网综合糙率，结合原型观测期间对应的调度方式进行数值模拟计算，并将计算结果与原型观测资料进行对比，以最大引流方案为例，齐门闸进口流量 $Q=5\mathrm{m}^3/\mathrm{s}$ 和平门闸 $Q=5\mathrm{m}^3/\mathrm{s}$。其中，齐门河-临顿河-干将河-学士河骨干河道计算结果如图 3.13 所示。

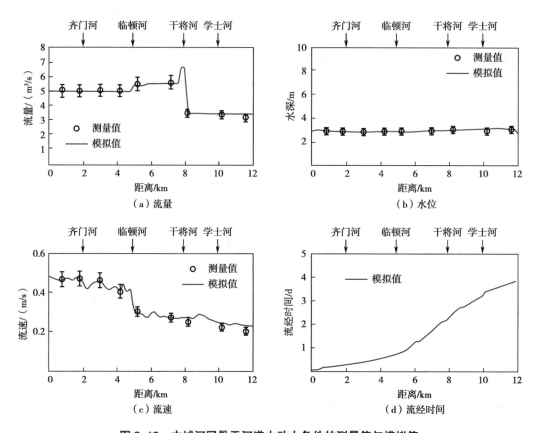

图 3.13 古城河网骨干河道水动力条件的测量值与模拟值

由图 3.14 中可知，模型结果很好地再现了原观的水动力条件，齐门河-临顿河-干将河-学士河的骨干河道长度约为 11.8km，在现场水动力调控试验的最大引流方案下，累计流经时间约为 3.8 天，意味着 3~4 天的时间内，在此流量方案下，苏州古城河网系统可以完成一次换水，且换水时间会随着引流减小而增加。图 3.13 (b) 显示了骨干河道上的三个监测点的水位，均为 3m 左右且变化不大，临顿河至干将河处有弯曲，因而水位存在波动，且临顿河至干将河段位于古城市中心，这一河段被完全混凝土人工渠化，此段在骨干河道上有两个污染点源，浊度也是骨干河道中最高。骨干河道流速在离齐门闸 2km 处 [图 3.13 (c)] 出现一个峰值，因为此处有一个较大的断面束窄，其余上游各段流速稳定在 0.3~0.4m/s。

基于原型观测和数值模拟出的流量、水位和流速拟合良好，因此我们可以预测该模型能够为模拟水质成分在河网中的输移变化过程提供保障。

3. 水质验证

在水动力条件下，河网水体中的 DO 平衡涉及数个非线性的物理与生物化学过程，同时水体中 DO 指标水平也受其他污染物成分的影响，并会对其含量产生直接或间接的变化。因而，在此河网水质模型中 DO 是最重要的水质指标，可靠的 DO 模拟结果为本研究模型的重中之重，并通过模型的统计学参数来评估模型性能，以此对模型参数进行校核与检验。

图 3.14 至图 3.16 为模型中所选取的三个水质指标模拟结果与现场原观数据的对比，展示了顺水流方向主河道中 DO、$NH_3$-N 和 COD 浓度沿程的变化趋势。

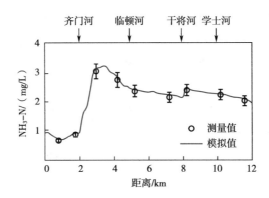

图 3.14　$NH_3$-N 的原观和模拟浓度对比

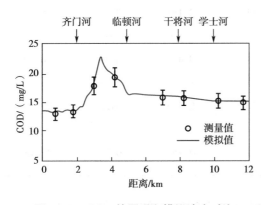

图 3.15　COD 的原观和模拟浓度对比

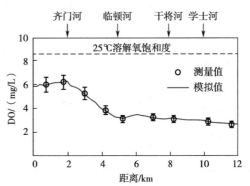

图 3.16　DO 的原观和模拟浓度对比

通过绝对平均误差、均方根误差和相对均方根误差来评估城市河网水动力–水质耦合模型性能，并以此不断检验和校准模型参数。由表 3.9 和表 3.10 可知，考虑降解源汇项的河网水动力–水质耦合模型的性能要明显优于仅考虑污染物对流弥散项的模型性能。经过校核和验证后的模型各项水质参数如表 3.11 所示，降解系数的验证过程将会在第四章给出。

表 3.9  原型监测期间水质指标观测值与模拟值（不考虑降解源汇项）的误差分析

| 水质指标<br>（点位） | 观测平均值/<br>（mg/L） | 模拟平均值/<br>（mg/L） | 绝对平均误差/<br>（mg/L） | 均方根误差/<br>（mg/L） | 观测变化量/<br>（mg/L） | 相对均方根<br>误差/% |
|---|---|---|---|---|---|---|
| NH₃-N<br>（齐门河） | 0.67 | 0.74 | 0.14 | 0.197 | 0.22 | 18.43 |
| NH₃-N<br>（临顿河） | 3.02 | 3.22 | 0.18 | 0.253 | 0.45 | 29.35 |
| NH₃-N<br>（干将河） | 2.74 | 2.93 | 0.19 | 0.216 | 0.43 | 26.59 |
| NH₃-N<br>（学士河） | 2.24 | 2.03 | 0.23 | 0.274 | 0.28 | 24.05 |
| COD<br>（齐门河） | 11.95 | 12.29 | 0.35 | 0.413 | 1.45 | 33.87 |
| COD<br>（临顿河） | 19.15 | 19.7 | 0.41 | 0.498 | 2.37 | 45.87 |
| COD<br>（干将河） | 17.29 | 16.84 | 0.39 | 0.446 | 2.13 | 41.46 |
| COD<br>（学士河） | 15.11 | 15.49 | 0.43 | 0.467 | 1.68 | 36.89 |
| DO<br>（齐门河） | 5.94 | 6.02 | 0.11 | 0.158 | 0.31 | 18.17 |
| DO<br>（临顿河） | 4.95 | 5.28 | 0.37 | 0.454 | 0.39 | 26.79 |
| DO<br>（干将河） | 3.11 | 3.24 | 0.26 | 0.315 | 0.28 | 29.38 |
| DO<br>（学士河） | 2.65 | 2.89 | 0.42 | 0.457 | 0.35 | 42.13 |

表 3.10  原型监测期间水质指标观测值与模拟值（考虑降解源汇项）的误差分析

| 水质指标<br>（点位） | 观测平均值/<br>（mg/L） | 模拟平均值/<br>（mg/L） | 绝对平均误差/<br>（mg/L） | 均方根误差/<br>（mg/L） | 观测变化量/<br>（mg/L） | 相对均方根<br>误差/% |
|---|---|---|---|---|---|---|
| NH₃-N<br>（齐门河） | 0.67 | 0.64 | 0.11 | 0.132 | 0.22 | 11.09 |
| NH₃-N<br>（临顿河） | 3.02 | 3.11 | 0.14 | 0.164 | 0.45 | 16.35 |

续表3.10

| 水质指标（点位） | 观测平均值/（mg/L） | 模拟平均值/（mg/L） | 绝对平均误差/（mg/L） | 均方根误差/（mg/L） | 观测变化量/（mg/L） | 相对均方根误差/% |
|---|---|---|---|---|---|---|
| NH<sub>3</sub>-N（干将河） | 2.74 | 2.82 | 0.13 | 0.146 | 0.43 | 13.34 |
| NH<sub>3</sub>-N（学士河） | 2.24 | 2.19 | 0.12 | 0.158 | 0.28 | 14.05 |
| COD（齐门河） | 11.95 | 11.79 | 0.18 | 0.191 | 1.45 | 18.73 |
| COD（临顿河） | 19.15 | 19.28 | 0.21 | 0.228 | 2.37 | 25.41 |
| COD（干将河） | 17.29 | 17.13 | 0.19 | 0.217 | 2.13 | 20.63 |
| COD（学士河） | 15.11 | 15.21 | 0.16 | 0.184 | 1.68 | 26.81 |
| DO（齐门河） | 5.94 | 5.92 | 0.09 | 0.113 | 0.31 | 12.15 |
| DO（临顿河） | 4.95 | 4.88 | 0.16 | 0.174 | 0.39 | 17.89 |
| DO（干将河） | 3.11 | 3.14 | 0.20 | 0.195 | 0.28 | 19.31 |
| DO（学士河） | 2.65 | 2.59 | 0.12 | 0.176 | 0.35 | 14.22 |

表3.11　模型中校核的动力学参数和降解系数

| 参数名称 | 单位 | 校核值 |
|---|---|---|
| 25℃下的恒定硝化速率 | d<sup>-1</sup> | 0.16 |
| 硝化温度系数 | — | 1.045 |
| 硝化氧极限的半饱和常数 | mgOL<sup>-1</sup> | 1.5 |
| 25℃下的浮游植物增长最大速率 | d<sup>-1</sup> | 3.1 |
| 浮游植物生长温度系数 | — | 1.07 |
| 25℃下的浮游植物内源性呼吸速率 | d<sup>-1</sup> | 0.125 |
| 浮游植物呼吸温度系数 | — | 1.045 |
| 浮游植物吸收氮半饱和常数 | mgNL<sup>-1</sup> | 0.015 |
| 水跌曝气水质系数 | — | 1 |

续表3.11

| 参数名称 | 单位 | 校核值 |
|---|---|---|
| 闸泵型水跌复氧系数 | — | 0.8 |
| 水动力复氧系数 | $d^{-1}$ | 0.716 |
| 25℃下的 COD 降解速率 | $d^{-1}$ | — |
| 25℃下的 $NH_3$-N 降解速率 | $d^{-1}$ | — |
| 25℃下的 BOD 衰减速率 | $d^{-1}$ | 0.09 |
| BOD 衰减温度系数 | — | 1.045 |

由图3.16可知溶解氧（DO）指标最高处距齐门闸进水口约2km处，此处的DO结果有较大的波动，这可能是进口处水流突然增大带来的紊动复氧作用的结果。此处在水流进入临顿河前，仍属于齐门河段，水流条件佳且拥有较好的浮游植物光合作用，COD 和 $NH_3$-N 在此段浓度较低但呈现出升高趋势。高浓度的废水排放对下游临顿河段的水质有重大影响，通过模型的内在方程解释，由于废水中的不稳定 BOD 在氧化和硝化过程中产生 $NH_3$-N，DO 在此河段中迅速下降而 $NH_3$-N 和 COD 在此河段中迅速上升。进入下游干将河乃至更远的学士河，DO 浓度逐渐回落到稳定状态，且 $NH_3$-N 和 COD 浓度经过长距离的纵向扩散，使得水质指标在河网系统中降解循环和输移平衡中逐渐达到新的状态，因而水质在上下午甚至昼夜中会有波动。在此期间，上中游累计的氮营养盐因水动力逐渐减弱而在学士河段逐渐聚集，一定程度上促进了学士河段浮游植物的生长，这可能是骨干河道的学士河段 Chl-a（叶绿素 a）最高的原因之一。但也因为河网下游水动力不断衰退，污染物浓度在此聚集，DO 浓度无法再上升，此外 $NH_3$-N 硝化和污染物的累积进一步消耗了溶解氧。具体的水动力提升与水质指标作用关系会第四章中详细讨论。

## 3.4 本章小结

平原城市河网的水资源调度和水动力调控需要科学可靠的的河网水动力-水质耦合模型来评估其效益。本章根据平原城市河网的水力条件特征，结合大型同步原型监测资料，建立了适用于苏州古城区河网的高精度水动力-水质耦合模型，并结合现场试验指标参数率定验证，主要工作和结论如下：

（1）利用改进的 Preissmann 隐格式求解平原城市河网水动力-水质耦合模型，该格式具有空间四阶精度，可有效解决河网水质的在各断面变化处的对流项难题。基于苏州古城区和苏州城市防洪圈河网水文观测资料，对河网各河道糙率进行反演计算推求，得到苏州古城河网内河道综合糙率范围为 0.024～0.040，通过物理模型试验，确定苏州古城河网活动翻板门堰流系数为 0.85。通过苏州古城区河网原型观测资料对模拟结果进行了率定验证。结果显示经校准和验证的苏州古城河网水动力-水质耦合模型可以很好地模拟现场原型监测试验条件下的所观测的河网水质过程。

（2）模型充分考虑了河网中 $NH_3-N$、COD 和 DO 三个水质指标在水动力条件下的耦合机制，并通过现场试验的全面监测数据对模型进行校准和验证。结果表明，降解作用的源汇项在河网系统中不可忽略，本书所选用的水质过程模块能够准确地描述并预测 $NH_3-N$、COD 和 DO 指标在河网水体流向中的沿程变化，可以较好地用于城市河网水动力调控方案的分析。准确可靠的平原城市河网水动力-水质耦合模型可以为河网的水动力调控方案提供良好的依据。

# 4  平原城市河网水动力对水质作用机制研究

本章结合第二章的现场实验数据和第三章的平原城市河网数值模型，对河网水动力调控对水质提升的响应机制进行探讨。针对不同水动力条件下苏州古城河网水体的污染物时空分布变化，揭示河网污染物对河网水动力的响应关系，并利用稳态污染物平衡方程验证水动力对污染物降解的促进作用，结合数学模型，对水动力与河网水环境容量关系进行解析。相关研究成果可为太湖流域地区的水资源调度工程提供技术支撑，并对水动力调控方案进行有效评估。

## 4.1  水动力调控现场监测试验下河网水质变化

水动力调控原型观测试验期间古城区进水口为北面的齐门闸与平门闸，东西向的出水口关闭，仅开放南面出水口，从而在古城河网内形成大方向由北向南的水流流动。其中进水口的水源全部来自于连接外塘河和元和塘的北环城河。相比于往年同一时间段（2015 年 6 月和 2016 年 6 月）的北环城河水质，以 $NH_3-N$ 为例，在非水动力调控期间两年的水质指标并无显著差距。水流经北环城河进入古城区后由于河道变窄、水位降低，河道槽蓄量低且流速缓慢，因而污染物指标浓度相较之下高于环城河。意味着在水动力条件差的情况下，水环境容量下降明显，且水体污染物在古城区内停留时间长是造成苏州古城河网水环境问题的主要原因。水动力调控前后的水质指标差值验证了这一点。由图 4.1 中可以看出，正常情况下苏州河网的氨氮指标保持在 V 类甚至更差。水动力调控开始时 DO 响应最快，水动力调控开始 1～2 天后，古城区内水质开始出现缓慢提升并逐渐进入稳态，其中干将河（G2）和学士河（G3）响应水动力时间更长。水温受每日气温影响，在水动力调控期间河网所有观测点水温为 25.3～30.6℃（夏季）和 6.3～14.2℃（冬季）。

古城区进水口处的齐门河（G1）的 DO 浓度受水动力影响明显，较调水前有明显的上升。在古城区中部的干将河处（G2）和南部的学士河处（G3）则变化略小。DO 作为表征城市河网水体质量的最重要指标，很大程度上反映了水体的自身净化能力，且河网水体在流速 0.1～0.2m/s 的区间内不会产生明显的复氧变化。G2 与 G3 的溶解氧曲线表明在水动力调控下 DO 沿程损耗，在下游河段浓度逐渐降低。总体在各河网各点中 DO 浓度的空间变化分布为北部点位高于南部点位。而 $NH_3-N$ 和 COD 随水动力变化的响应时间较 DO 较为相对滞后，数据上随水动力的提升仅出现平缓的下降趋势，这可以理解为在水动力条件变化时，原有的河网降解环境平衡被打破，而进入新的降解环境平衡需要 1～2 天的时间。相比于 DO，古城区各点位的氨氮变化率相对不明显

（图4.2），其中G2干将河断面为调水前后下降最多的监测点位，下降幅度为23%。由实测结果可知，氨氮在城市河网水体中的削减过程十分复杂，实测中水动力提升下氨氮的下降速率明显低于模型结果。城市河网水体的氨氮主要来源于生活污水，它本身既是水体污染物，同时也是河网中水生物所需的营养盐。在古城区生活水动力的提升一方面会促进水生植物对氨氮的吸收，并在变化的水动力条件下需要2~3天时间进入新的吸收稳态，同时在水体自净过程中，DO浓度的增加会促进氨氮化合物营养盐向硝酸根盐转化，因而$NH_3$-N与DO也存在自相关。氨氮本身也是水体中BOD降解过程中的中间产物，这也可能是响应水动力变化滞后的原因之一。根据调查统计，试验期间苏州古城区$NH_3$-N日排放量相对稳定，也一定程度上造成指标值受试验流量调控方案影响具有波动现象。由图4.3可知，古城区河网南部的COD指标偏高，且受水动力调控的影响较为明显，属于水动力响应敏感性指标。并且在一些时段中，与DO指数结果呈负相关性。一方面河网水体由北向南，流经学士河处污染物量已有一定的累积，同时以学士河等为典型的南部河段一般情况下长期处于不流动状态，因而生物化学环境更容易被水动力条件所影响。由图4.3中各点位的COD指标相比较，这种不流动状态可能比现场的视觉效果更为严重。而流动性较好的河网北部齐门河测点（G1）也有明显的下降曲线，但在COD排放基值较小的情况下，峰值与谷值差别不大。水动力调控前后COD总体下降2.1倍，临顿河和学士河的改善较优。

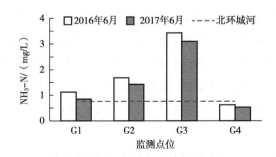

图4.1 引水前后不同时间下个监测点的氨氮指标变化

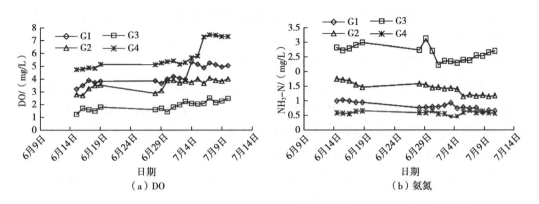

（a）DO

（b）氨氮

图4.2 不同水动力条件下河网各骨干河道DO和氨氮指标变化

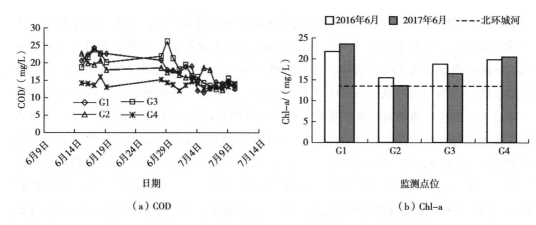

（a）COD

（b）Chl-a

**图 4.3 不同水动力条件下河网各骨干河道 COD 和引水前后的叶绿素 a 指标变化**

作为表征河网水体浮游植物生物量最常用的指标之一，叶绿素 a 浓度（Chl-a）可以反映出藻类及浮游植物的现存量，通常与溶解氧指数一起作为衡量水体富营养化程度的指标。由此次试验所得数据（图 4.3）对比发现古城河网内各监测点的浓度空间分布差别不大，且古城区河网内各点调水前后的 Chl-a 浓度均高于北环城河来水的 Chl-a 浓度。引调流前后也没有鲜明的升高或降低变化，其中 G1 和 G4 的 Chl-a 浓度高于调水前，G2 和 G3 的 Chl-a 浓度低于调水前。表明水动力调控条件下，古城区河网水体 DO 浓度的上升对 Chl-a 浓度没有明显的直接影响，从而显示在城市河网中 Chl-a 浓度与 DO 缺乏明显的相关性。这可能与藻类在河网中分布的空间随机性有很大关系，大部分的河网藻体经常聚集成团，附着于河道两岸，鲜有随水流流动的肉眼现象。无论是在夏季或是冬季，短期的水动力调控很难使得城市河网中的藻类群落结构与分布产生较大影响（见图 4.4）。以前研究的室内试验结果中显示水动力提升会提供一定的抑藻性效果，但在原型观测中实际上存在的其他干扰因子使得水动力提升对藻类的影响并不明显。

而在冬季引水条件下，河网中的 DO 含量要明显高于夏季（齐门河断面 DO 最高可达 7.37mg/L），即使在污染较为严重的河段，如冬季的临顿河段 DO 也较高于夏季的齐门河段。表明在实际河网情况中，温度也是影响河网水体 DO 量的重要影响因子，其他的水质指标在 5 天的引水时间下，并没有夏季那样有 1~2 天的响应缓冲时间，在流量增加的情况下，污染物浓度迅速下降（见图 4.5）。

而冬季条件下河网各点 $NH_3-N$ 和 COD 平均浓度普遍要低于夏季（见图 4.6、图 4.7），但干将河和学士河例外（冬季高于夏季），差异最明显点位为干将河，相差达到 0.5mg/L 以上。冬季齐门河与平门河的 COD 浓度略低于夏季浓度，相差在 1.5mg/L 以内。表明苏州古城河网冬季的整体水质要好于夏季。而在各水动力调控方案下，河网各处总悬浮物指标（TSS）并没有发生显著增大的现象，从而表明设计的水动力调控方案下河道底泥翻动不明显，此流速范围条件是较为合理的。

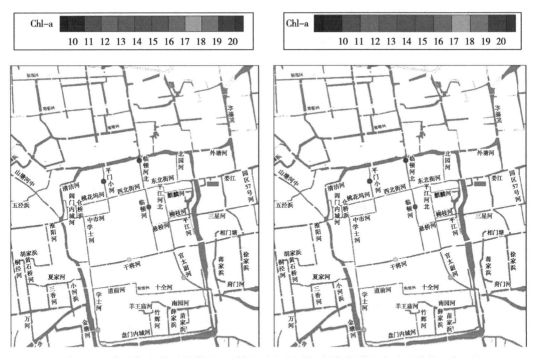

**图 4.4　原型监测条件下的古城河网监测点的叶绿素 a 空间分布（左夏季、右冬季）**

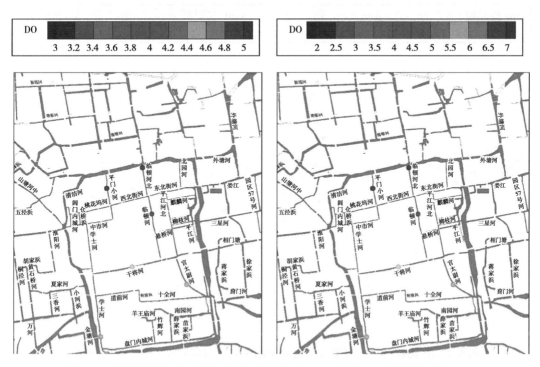

**图 4.5　原型监测条件下的古城河网监测点的 DO 空间分布（左夏季、右冬季）**

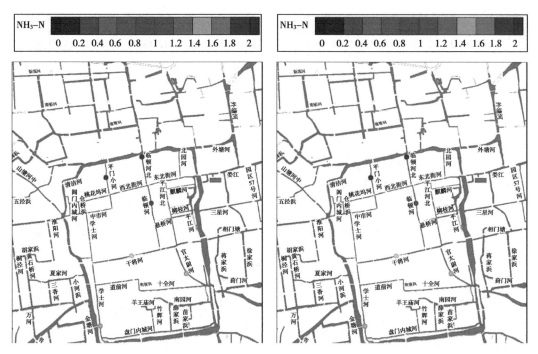

**图 4.6 原型监测条件下的古城河网监测点的 NH₃-N 空间分布（左夏季、右冬季）**

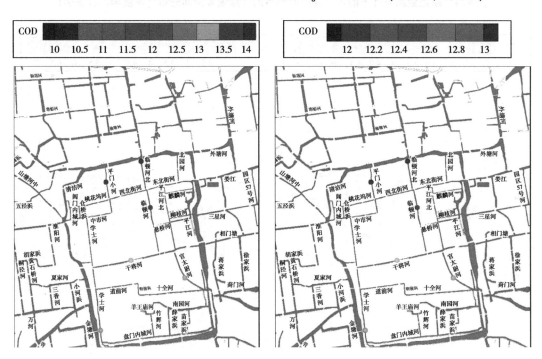

**图 4.7 原型监测条件下的古城河网监测点的 COD 空间分布（左夏季、右冬季）**

基于国家地表水环境质量标准，考虑水动力调控前后的水质综合情况，在掌握主干河道进出口水质浓度变化的情况下，可利用污染物通量法分析监测点位在现场原型观测试验期间的水质变化情况，在实际的污染物通量计算过程中，原观实测时间段可直接采用实测数据，无实测资料时段可采用过程线趋势差值法计算。污染物通量通用计算公式为：

$$W = \int Q(t)C(t)\,\mathrm{d}t \qquad (4-1)$$

式中，$Q(t)$ 为瞬时流量；$C(t)$ 为瞬时浓度。

但在实际的现场水动力调控原型观测过程中，想要获得连续的瞬时流量与水质浓度数据难度极大，只能获得一定时间间隔内的观测数据，因而在原观观测时段通量经过推导概化为：

$$W = Q_a C_a T + \sum_{i=1}^{n} Q_i^n C_i^n \Delta t_i \qquad (4-2)$$

式中，$Q_a$ 为时段平均流量，$C_a$ 为时段平均浓度，$T$ 为计算时段，$Q_i^n$ 为时均流量偏差，$C_i^n$ 为时均浓度偏差，$n$ 为计算样本数量。

式（4-2）中第一项为时均流量和时均浓度的乘积，第二项为离散项。实际计算过程中，式（4-2）中离散项有关数据无法获得，所以采用如下简化计算过程：

$$W = 0.003\,6 \sum_{i=1}^{n} \frac{C_i + C_{i+1}}{2} \times \frac{Q_i + Q_{i+1}}{2}(t_i - t_{i+1}) \qquad (4-3)$$

式中，通量结果以 t 计；$C_i$、$C_{i+1}$ 为 $i$ 及 $i+1$ 时刻的流量（$\mathrm{m^3/s}$）；$t_i$、$t_{i+1}$ 为样品取样时间；0.003 6 为单位换算系数。

原观试验期间骨干河道齐门河断面、干将河断面、学士河断面污染物通量计算结果如表 4.1 所示。

表 4.1　三条主河段断面污染物通量计算结果

| 监测断面 | COD 浓度范围/（mg/L） | 氨氮浓度范围/（mg/L） | 流量范围/（m³/s） | 平均流量/（m³/s） | 时间/d | 通量/（m³/s） |
|---|---|---|---|---|---|---|
| 干将河 | 20.54~24.31 | 0.84~0.95 | 3.01~3.17 | 3.06 | 5 | 30.73 |
| | 17.22~20.82 | 0.65~0.83 | 3.97~4.11 | 4.03 | 6 | 27.07 |
| | 11.42~14.43 | 0.47~0.67 | 5.05~5.24 | 5.16 | 6 | 21.60 |
| 齐门河 | 13.07~15.97 | 0.43~0.53 | 4.05~4.27 | 4.09 | 8 | 37.74 |
| | 12.06~14.66 | 0.29~0.56 | 4.89~5.35 | 5.11 | 9 | 36.51 |
| 学士河 | 18.72~26.19 | 2.81~3.25 | 2.11~2.28 | 2.15 | 8 | 46.34 |
| | 12.48~19.47 | 2.26~2.78 | 2.89~3.01 | 2.94 | 9 | 45.71 |

根据表中污染物通量计算结果分析，河网最大水动力调控方案与最小水动力调控方案相比，骨干河道各污染物通量削减率分别为 16.5%（干将河）、15.2%（齐门河）和 13.2%（学士河）。

## 4.2　水动力调控对河网水质变化影响作用的贡献

尽管河网水质指标与水动力条件之间存在一定的响应关系，但河网现场试验中所监测到的数据结果是水动力调控下，各项外界环境因子累积影响下的作用体现。在大数据分析下，识别水动力条件对河网水质指标变化的贡献值显得尤为重要，本节利用机器学习法，探索水动力条件对水质变化的响应关系，识别影响权重，并通过机器学习模型，预测在相应的水动力状态下的水质条件，以判断平原城市河网水体在何种水动力条件下能满足既定的目标水质标准。

### 4.2.1 水动力对水质指标作用关系的主成分分析

由本书第二章介绍，主成分分析方法的目的在于在数据量大，变量种类多的情况下降低数据维度，以损失较少原始信息为前提通过协方差计算将多个影响因子转变为几个主成分因子，从而对多影响变量因素的数据内部结构进行解释，在抓住主要权重的同时减少变量的数目。最终可以压缩数据，提高分析效率。基于此主成分分析方法在综合水质评价法（Water Quality Index，WQI）中被用来对各水环境因子进行权重计算。适用于城市河网的 $WQI$ 公式由 Pesce 和 Wunderlin[49] 提供。公式如下：

$$WQI = \frac{\sum_{i=1}^{n} C_i P_i}{\sum_{i=1}^{n} P_i} \qquad (4-4)$$

其中，$n$ 为试验中所分析水质参数的数量，$C_i$ 为水质指标标准化单位，$P_i$ 水质指标的环境因子影响权重，由主成分分析法计算。$WQI$ 的计算结果取值为 $0 \sim 100$，分数越高，综合水体质量越好，反之则综合水体质量越差。

参与主成分分析评价的环境因子为夏季原型观测中所测量流量、流速、水位、温度和 pH，计算前首先将各因子的原始数据进行标准化处理，以便消除数据之间量纲与数量级的影响，利用的标准化公式为：

$$r_{ij} = \frac{\sum_{k=1}^{m} (x_{ki} - \mu_i)(x_{kj} - \mu_j)}{\sqrt{\sum_{k=1}^{m} (x_{ki} - \mu_i)^2 \sum_{k=1}^{m} (x_{kj} - \mu_j)^2}} (i, j = 1, 2, \cdots, n; k = 1, 2, \cdots, m)$$

$$(4-5)$$

从相关系数矩阵中可得出特征根与特征向量，其中特征根 $\lambda_i$ 即为主成分 $F_i$ 的方差。并通过计算方差贡献率来确定主成分，贡献率 $E_i$ 即主成分 $F_i$ 的方差占总方差的比重，环境因子的影响权重最终由主成分荷载值和主成分的方差贡献率决定，计算公式为：

$$\omega_j = \frac{\sum_{i=1}^{k} |l_{ij}| E_i}{\sum_{j=1}^{r} \sum_{i=1}^{k} |l_{ij}|} (j = 1, 2, \cdots, r) \qquad (4-6)$$

$$E_i = \lambda_i / \sum_{i=1}^{n} \lambda_i \qquad (4-7)$$

$$l_{ij} = u_{ij} / \sqrt{\lambda_i}\,(i,\ j = 1,\ 2,\ \cdots,\ n) \tag{4-8}$$

其中，$\omega_j$ 为第 $j$ 个评价因子的权重，$r$ 为选取的评价因子数，$l_{ij}$ 为主成分荷载值。

利用 Canoco4.5 软件对各环境因子的数据进行正态分布检验，并进行冗余分析（RDA）检验结果如图 4.8 所示，以流量（$Q$）和流速（$V$）两个环境因子为例，点离直线越近，或多数点都在直线上，表明数据有较好的正态性。

依据标准化的水质相关数据，计算初选评价因子的相关系数矩阵（见表 4.2），通过表 4.2 中数据显示，流速与 DO，流量与 COD，温度与 DO 及叶绿素浓度，DO 与 COD、pH 与氨氮相关性较强。

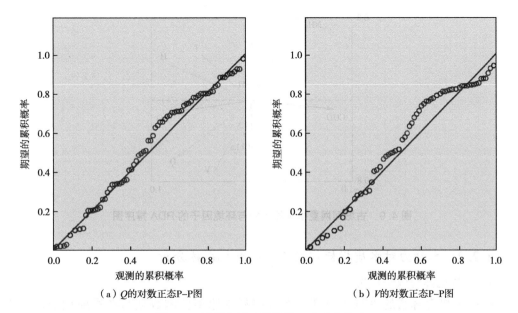

（a）$Q$ 的对数正态 P–P 图　　　　　　（b）$V$ 的对数正态 P–P 图

**图 4.8　流量与流速数据的正态分布检验**

**表 4.2　夏季原观试验各项因子相关系数矩阵**

| 指标 | DO | NH₃–N | COD | Chl–a | pH | Q | V | H | T |
|---|---|---|---|---|---|---|---|---|---|
| DO | 1.000 | | | | | | | | |
| NH₃–N | 0.056 | 1.000 | | | | | | | |
| COD | 0.114 | 0.813 4 | 1.000 | | | | | | |
| Chl–a | 0.253 | 0.419 | 0.294 | 1.000 | | | | | |
| pH | 0.874 | 0.000 | 0.379 | 0.014 3 | 1.000 | | | | |
| Q | 0.658 | −0.245 | −0.119 | −0.002 | 0.752 | 1.000 | | | |
| V | 0.334 | −0.315 | −0.216 | −0.004 | 0.382 7 | −0.728 | 1.000 | | |
| H | 0.730 | 0.157 | 0.134 8 | 0.003 0 | 0.834 9 | 0.355 0 | 0.363 6 | 1.000 | |
| T | 0.441 | 0.193 | −0.228 | −0.006 | 0.505 0 | −0.600 | 0.446 | −0.60 | 1.000 |

如图 4.9 所示，主成分分析结果表明，第 1 排序轴和第 2 排序轴的特征值分别为 0.223 和 0.152，$NH_3$-N 与流量和流速的相关系数分别为 0.953 和 0.882，COD 与流量和流速的相关系数分别为 0.972 和 0.753，全部体现为正相关，表面此两种污染物在无论夏季条件下还是冬季条件下均可以通过提高水动力的方法解决，而 DO 受水温影响也较明显，温度因子和水位因子均位于第一象限，分列横向坐标轴的上半部分和下半部分。说明夏季河网水体 DO 在此主成分分析中受水动力和温度影响效果虽然效果相反，但影响权重大小接近。在受水动力的扰动下，DO 浓度的适当增加会促进氨氮向硝氮转化，因而氨氮和 DO 也存在自相关。

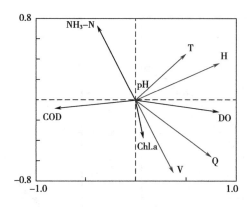

图 4.9　古城河网夏季水质指标与环境因子的 RDA 排序图

### 4.2.2　水动力对水质指标作用关系的随机森林分析

#### 1. 参数选择与效果评价

根据随机森林法的决策树原理，本节将夏季原型监测数据与冬季原型监测数据连同 2014 年至 2016 年的苏州古城河网各监测断面的历史水动力-水质数据（由江苏省水文水资源勘测局苏州分局网站提供）进行随机森林分析。选择与预测变量密切相关的解释变量有助于提高随机森林法的准确度，对预测水质条件进行更精确的模拟。在本书的随机森林分析中，更多的河网环境因子被考虑在内，表 4.3 总结了水动力条件下影响河网水质指标的各变量因子及来源，其中流量是河网水动力的重要属性之一，是预测河网中污染物浓度的一个重要变量因子，且在历史数据和水动力调控的现场监测中的流量变化范围较大，由于官网提供的历史水动力-水质数据并非是同步监测的结果，因而在分析中不单单要考虑流量的大小，流量变化的过程也是需要在随机森林模型中考虑的重要参数。Wang[52] 提出了一种考虑先前水量影响的流量计算方法，即折现流量（Discounted Flow），公式如下：

$$DF(d) = \frac{\sum_{i=1}^{j} d^{j+1-i} q_j}{\sum_{i=1}^{j} d^{j+1-i}} \tag{4-9}$$

其中，$d$ 为折现系数，可取 0~1，越接近 1 则说明先前水流对当前水流的贡献越大，$i$ 和 $j$ 分别代表不同的等长时间段。本节考虑了折现系数为 0.99 的情况，当 $d=0.99$ 时，$DF(d)$ 可近似为多日平均流量。温度对于河网水质的影响包含两个方面，一是温度可以作为衡量水量蒸发的指标，二是温度对水体中微生物的生理活性、溶解氧含量、污染物的溶解度及污染物在水体中的降解都有显著的影响，因此温度无论是在水质模型中，还是在机器学习模型中，都是不可忽略的因素。

表 4.3　随机森林模型中所用的河网解释变量

| 变量名称 | 结论图中简称 | 描述 | 单位 | 来源 |
|---|---|---|---|---|
| 温度 | Tem | 各采样点对应水体的平均温度 | ℃ | 原观测量及历史数据 |
| 流量 | Q | 各采样点采样时刻的河道流量 | m³/s | 原观测量及历史数据 |
| 流速 | V | 各采样点采样时刻的河道流速 | m/s | 原观测量及历史数据 |
| 水位 | H | 各采样点采样时刻的河道水位 | m | 原观测量及历史数据 |
| 酸碱度 | pH | 采样水体的酸碱值 | 无量纲 | 历史数据 |

根据前文所叙述的随机森林方法的步骤，选择模型参数：统计样本为夏季与冬季现场原型监测的所测得的以及历史水质指标数据，包括 DO、$NH_3$-N、COD、Chl-a、$BOD_5$、浊度，因水质指标众多，采用前文所述的水质指标法计算所得水质指标综合值，即 $WQI$，作为随机森林模型的输出指标。抽样方法为 bagging，决策树的数量为 500。模型效果的评估采用袋外检测的方法（Out of Bag, OOB），不同因素对河网中水质指标的影响权重通过变量重要性进行评估，使用水质指数偏相关图描述单个因素对水质输出结果的影响。

2. 水动力与对水质指标响应关系的随机森林分析结果

随机森林模型中一个明显的优势就是可以提供每个变量对于模拟结果的重要性，据此可以对水动力条件和其他影响因子对河网水质的影响程度进行分析。随机森林模型通过两个参数来描述各解释变量的重要性，一个参数是均方差的增量，这个参数的含义是为去除某一个解释变量之后，模型的总体均方差变化，数值越大表明该变量对于模型输出结果的影响越大，这一解释变量对于因变量越重要；另一个参数为节点纯度的增量，随机森林中的每一棵分类树为二叉树，其生成遵循自顶而下的递归分裂原则，即从根节点开始一次对训练集进行划分。在二叉树中，根节点包含训练数据的一个子集，按照同样的规则节点继续分裂，直到满足分支停止规则而停止生长。若节点 $n$ 上的分类数据全部来自同一类别，则此节点的纯度 $I(n)=0$，同样的节点纯度的增量越大，表明该变量对于结果的影响越大。在研究中通常使用均方差增量对变量重要性进行分析。图 4.10 及表 4.4 给出了各解释变量的重要性系数，其中 Q0.99 对应折算系数 0.99 的流量，在水动力调控的各次试验中古城河网各处水体温度极为接近，因而不对温度进行折算。可以看出在水动力因素中，流量是其中最重要的因素，折算系数为 0.99 的流量的参数重要性系数最大，对于模型总体均方差的影响达到了 12.20%，这表明流量在古城河网内的非平均分布对水质总体影响十分显著。不同影响因子的重要性系数见表 4.4。

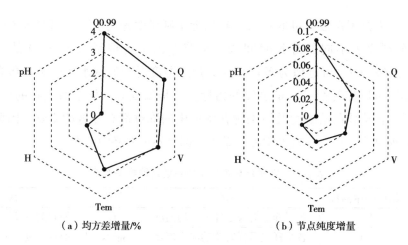

（a）均方差增量/%　　　　　　　（b）节点纯度增量

**图4.10　各变量在随机森林模型中的重要性系数**

**表4.4　变量重要性系数：均方差及节点纯度增量**

| 参数 | Q0.99 | Q | V |
|---|---|---|---|
| 纯方差增量/% | 3.91 | 3.6 | 3.55 |
| 节点纯度增量 | 0.09 | 0.05 | 0.04 |
| 参数 | Tem | H | pH |
| 纯方差增量/% | 2.6 | 1 | 0.16 |
| 节点纯度增量 | 0.03 | 0.02 | 0 |

图4.11为河网水体温度与水质指数（$WQI$）之间的偏相关关系，随着温度的升高，20℃之前，水质指数呈现波动且略有下降的趋势，在20℃迅速降低，之后在24℃左右趋于稳定。温度对河网中水质指标的影响可以分为以下两方面：①温度可以作为衡量河网水体蒸发的指标，温度升高，河网中总水量减小，污染物浓度升高；②温度对河网中的生物和微生物的活性产生影响，继而影响污染物在河网水环境中的循环，在以上两个因素的共同影响下，温度对于河网水体水质指数呈现了以上规律。同时不能忽略的是，在现场原观中，采集遍布河网每一块区域，其中不少有高浊度，高叶绿素的河道，温度影响TSS中的污染物吸附与释放，且污染物降解过程在冬夏两季差别很大，这也可能是随着温度升高，而河网水质指数下降的原因，同时该结果也体现河网在温度较高的夏季有着更为迫切的水质改善需求。

图4.12为折算系数为0.99的流量（即现场原型监测期间多日平均流量）与古城河网水质指数之间的偏相关关系图。由图4.12可以看出，水质指数与折算流量之间的相关关系较为复杂，在流量较小时（<2m³/s），随着流量的增大，水质指数随之减小。这表明河网水动力调控的启动打破了城市河网水体长时间缓流状态下的水物理及化学平衡，并逐渐进入新的水质稳态。流量超过2m³/s后，水质指数迅速增大后接一缓慢增长段，出现这种情况的原因可能是在这段流速区间内河网水体污染物的输移扩散作用增强明显。

当流量超过 $5m^3/s$ 时，古城河网的水质系数增长幅度又出现缓慢的降低，至 $6m^3/s$ 左右处达到极值。这是由于污染物在河网中的输移和降解是动态平衡的过程，当降解作用提升到一定程度时，达到降解阈值，即使流量继续增大，水质提升作用也不会显著地增强，这时候水动力增大对底泥释放甚至是对水体颗粒中污染物的释放作用会使得河网水体的水质指数降低，水动力的稀释作用与颗粒物释放作用达到某种平衡。

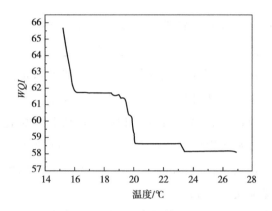

图 4.11 河网水体平均温度与水质系数之间的偏相关关系图

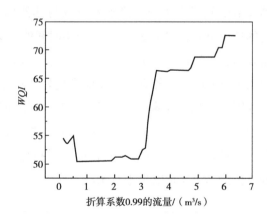

图 4.12 折算系数为 0.99 的河网流量与水质系数的偏相关关系图

## 4.3 水动力对水质指标影响作用特征

由前文可知，水动力调控带来的水动力变化对古城区河网水质改善有两方面的积极作用：一是引入来自西塘河的良好水源进入古城区可有效提升古城区水质，改善水环境容量；二是提升河道水体流动性可加快水中污染物的降解反应，进一步削减水体污染物含量。本节通过现场试验和历史数据结果分析，讨论平原城市河网水动力对水质的影响作用特征。

### 4.3.1 水动力对 DO 指标改善的作用特征

溶解氧是衡量城市河网水体自净能力的最重要因素之一。城市河网水动力增加后，水体紊动特性也随之增加，无污染区域的水体携带溶解氧与污染区域水体混合，局部污染的水体自净需要消耗的溶解氧将有可能从无污染区水体中获得。水体内耗氧污染物的降解需要消耗大量氧气，其在水体内的迁移转化受水体 DO 水平的影响较为显著。

污染物的降解、氧化等消耗溶解氧的反应过程在水体中广泛存在，本节在综合已有相关水体溶解氧研究成果的基础上，结合溶解氧研究进展，探讨城市河网水体溶解氧的改善机制及量化过程。

根据苏州古城河网水质现状及特性，以及原观数据采集条件，将以下因素纳入河网水体溶解氧影响因子的考虑范围：①水动力的物理迁移量；②生化反应过程，包括氨氮类化合物的硝化作用、河网底淤泥耗氧量、藻类呼吸和光合作用；③水流紊动力产生的复氧作用；④引水源外塘河及北环城河的 DO 初始值。

在水体中，溶解氧可以被许多化合物所利用，包括亚硝酸盐、氨氮、磷酸盐、亚硫化物等。现有的大多数水质模型中，对于 DO 的转化过程模拟，均采用一级反应动力学方程描述，如 WASP 溶解氧模型，qual-2k 模型、河流系统溶解氧模型等。一级反应动力学方程所需参数见前文表 3.11。

底泥活动层中，底栖生物的呼吸作用被认为是影响水体溶解氧的因素之一。但底栖生物通过呼吸作用消耗溶解氧促进污染物降解的过程与其他化合物氧化过程相比十分缓慢，且在溶解氧高的情况下才能高效进行[53]，作用时间的量级为数天到数周。

原型观测现场数据表明，古城区北面齐门河（G1）与平门河（G5）的溶解氧随流速增大显著增加。如图 4.13 所示，在水动力条件提升良好的两个点位，DO 受水动力提升影响显著，属敏感性因子。且由于断面条件的差别，在相同流量提升下，平门河（G5）的 DO 改善效果更优于齐门河（G1）。试验期间同比监测作为水动力调控水源的外塘河的水质状况，发现除溶解氧外，外塘河的各项水质指标均优于古城区河网，体现齐门河与平门河两处点位的 DO 改善效果来自水动力作用。

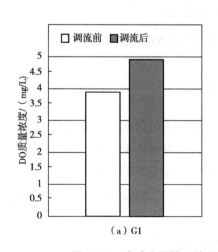
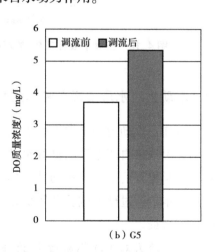

图 4.13　水动力调控下的齐门河与平门河溶解氧改善效果

　　如图4.14和图4.15综合分析不同监测点位的DO变化规律，在流量相同的情况下，由于河道断面差别，流速最大的平门河DO改善幅度最为明显，其中在$4\sim5\text{m}^3/\text{s}$的流量方案变化下有跳跃性的增长。不同点位则因为对应河道水质差别，呈现的趋势也不尽相同。在$2.15\sim3.23\text{m}^3/\text{s}$的流量区间内，藻密度最高的学士河溶解氧改善曲线优于干将河，幅度明显较高。可以推断在一定程度上，河网水动力提升促进了藻类光合作用，从而释放更多的溶解氧。

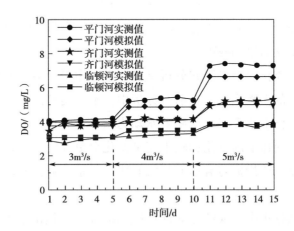

图4.14　DO浓度随水动力调控的关系曲线（齐门河、平门河和临顿河）

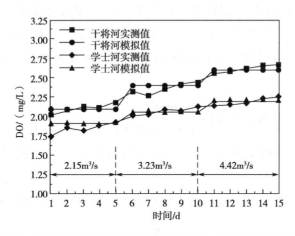

图4.15　DO浓度随水动力调控的关系曲线（干将河和学士河）

　　尽管在水动力调控现场观测试验条件下苏州古城河网各处DO浓度存在波动，在试验状态的水动力条件下的整体流速区间内，DO保持了良好的改善趋势。在此利用支持向量机模型（SVM），结合大数据对试验条件之外流速区间DO变化趋势进行预测，解析河网中现场试验水动力可调控流速区间之外的DO与流速的响应关系，并以此探索水动力改善水质的作用流速区间，寻找流速改善阈值。

　　支持向量机法（SVM）的决策边界是为学习样本求解的最大边距超平面，基于此原理，支持向量机法通常用于分析变量 $A$ 与变量 $B$ 之间复杂的非线性关系。如果给定 $X=\{X_1, \cdots, X_n\}$，$y=\{y_1, \cdots, y_n\}$，输入数据的每个样本包含多个特征，从而构成一个特征空间，学习目标是一个二元变量，如果输入数据所在的特征空间中有一个超平面作为决策边界，则将学习目标分为正负类，任意样本点到平面的距离大于等于 1。决策边界由下列公式给出：

$$w^\mathrm{T}X + b = 0 \tag{4-10}$$

$$y_i(w^\mathrm{T}X_i + B) \geqslant 1 \tag{4-11}$$

其中，$w$ 和 $b$ 分别是超平面的法向量和截距。以此将分类问题转换成为线性可分性，参数为超平面的法向量和截距。

结合大量数据的支持向量机回归分析是机器学习中最经典的监督学习类型，适用于超过 900 个数据点的大数据集。在前文分析中，不同类型河网水质指标与水动力条件的相关性表明，总体上水质指标会随着水动力条件提升而改善。在河网水系中，各河道由于断面差异，流速上的变化相较于流量变化会更加突显。结合现场试验数据与河网历史数据，探索水质指标与流速的二元非线性关系，解析城市河网水质指标改善的流速阈值。

为了识别大型数据集中变量对之间的关系，Reshef[53] 提出了两变量响应关系的依赖性变量：最大信息系数（MIC）。MIC 捕获广泛的函数和非函数关联，对于函数关系，MIC 提供的分数大致等于回归函数的决定系数（$R^2$）。MIC 可采用基于最大信息的非参数探索方法来识别和分类变量之间的响应关系。在本节中，采用 MIC 来探索流速和水质指标的响应关系，以更深入地识别河网水质改善的流速区间。即计算 MIC 的函数如下：

$$\mathrm{mic}(x; y) = \frac{\max}{a \cdot b < B}\left[\frac{I(x; y)}{\log_2\min(a, b)}\right] \tag{4-12}$$

函数本质上是一个网格分布，其中 $a$ 和 $b$ 分别为 $x$、$y$ 方向的网格数。$B$ 表示样本大小，通常设置为 $B=n^{0.6}$。

采用决定系数（$R^2$）评估预测值和观测值之间的差异，定义如下：

$$R^2 = 1 - \frac{\sum_{i=1}^{n}(\hat{y}_i - y_i)^2}{\sum_{i=1}^{n}(y_i - \bar{y})^2} \tag{4-13}$$

其中，$\hat{y}_i$ 为预测值，$\bar{y}$ 为原始数据的均值，$y_i$ 为原始数据，$n$ 为样本数量的大小。

将现场试验数据集和历史数据集统计分析处理为试验平均值集合（EA 数据集）、试验最大值集合（EMX 数据集）、历史平均数据集（HA 数据集）和历史最大数据集（HMX 数据集），分别对应苏州古城河网各监测断面每天各数据对的平均值和最大值（见表 4.5）。

表 4.5 河网不同 DO 数据集的 MIC 结果

| 数据集 | MIC |
|---|---|
| EA（DO） | 0.459 1 |
| EMX（DO） | 0.639 5 |
| HA（DO） | 0.350 2 |
| HMX（DO） | 0.608 0 |

从各数据集中分别选取对应的流速–溶解氧，建立支持向量机回归模型（SVM）和线性回归模型（LR）进行比较，数据量的 80% 作为两种模型的训练集，20% 的数据量作为两种模型的预测集，并通过可决系数（$R^2$）和均方根误差（$RMSE$）来评估模型结果。

由 SVM 预测的溶解氧结果如图 4.16 所示，溶解氧数据在训练集和预测集中体现了与 SVM 函数良好的一致性，并且很好地预测了在河网流速超过 0.5m/s 左右，即突破现场试验水动力调控条件后的状态。溶解氧在 0.18~0.52m/s 的流速区间内改善显著，体现良好的上升空间。在流速最佳区间之外也依旧体现出上升趋势，但在超过 0.50m/s 的流速外 DO 上升趋势极为平缓，水动力调控效率降低。预测模型结果的均方根误差比较见表 4.6。

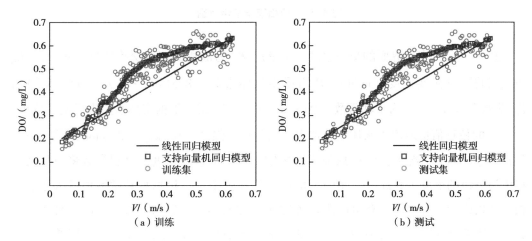

图 4.16 流速与溶解氧响应关系的 LR 和 SVM 预测结果

表 4.6 预测模型结果的均方根误差比较

| 模型 | 训练集 | | 测试集 | |
|---|---|---|---|---|
| | $RMSE$ | $R^2$ | $RMSE$ | $R^2$ |
| 线性回归（DO） | 22.52 | 0.413 7 | 23.16 | 0.432 6 |
| 支持向量机（DO） | 19.78 | 0.728 3 | 21.24 | 0.704 5 |

除水动力之外，温度因其会对水体饱和溶解氧系数产生影响，不可忽略。对于本研究而言，水动力和温度是两大复氧系数的影响因子。结合以前研究人员的研究，复氧系数随断面平均流速和水力坡降的增大而增大，随水深的增大而减小。与流速的 0.5~1.0 次方成正比，与水深的 0.6~1.8 次方成反比。

除水体本身的流动特性外，风速、波浪、气温、水体污染等也是水面复氧系数的影响因素。河网水体表面的水气交换过程也是影响水体溶解氧的因素之一。水气交换速率的计算过程按照著名的两相模阻力理论，如图 4.17 所示。

交换系数 $K_L$ 与 $K_G$ 可以用来定量描述水体中溶解氧和大气中氧气的交换过程。交换速率可以通过总阻力的计算而得到如下式：

$$V_v = \left[ \frac{1}{K_L} + \frac{1}{K_H K_G / (R T_{wk})} \right]^{-1} \tag{4-14}$$

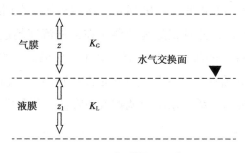

图 4.17　两相膜模型示意图

其中，$V_v$ 为水气界面的交换速度（m/d），$K_L$ 为液相的质量交换速度（m/d），$K_G$ 为气相的质量交换速度（m/d），$R$ 为通用气体常数 [8.314Pa·m³/（mol·K⁻¹）]，$T_{wk}$ 为水温（K），$K_H$ 为亨利常数（Pa·m³/mol）。$V_v$ 需要根据实际水温进行温度校正。

$V_v$ 的校正值也取决于水体及上覆大气层的紊动强度。Mackay and Leinonen[54] 讨论了在一些具体的情况下，$V_v$ 的取值主要决定于水体的紊动强度。亨利常数将液相及气相中污染物的浓度关联起来，将强烈的影响气相的阻力。根据亨利常数值的大小、气相、液相或者二者一起均有可能决定挥发速率的大小。当亨利常数增大时，交换速率受到水体紊动强度的影响会增强。当亨利常数减小时，交换速率受到大气层紊动强度的影响会增强。当亨利常数值极小时（<10⁻⁷），水气交换速率会异常缓慢。因而实际情况下，由于流体水动力的差别，湖泊及水库水体的水气交换速率要小于河道水体。

关于质量交换速率 $K_L$ 与 $K_G$ 的计算，许多经验公式将其与风速或者水流速度关联起来，并简化为水面复氧系数。随着风速、波浪、气温的增加，水面复氧系数都有所增加，其中风速、气温对复氧系数的影响可以定量计算。故水面复氧的计算为：

$$\frac{dC}{dt} = K_{20}(C^* - C) \tag{4-15}$$

$$K_{20} = K_u + K_w = a\frac{U^b}{H^c} + C_w\frac{\left(\dfrac{h}{\tau\lambda}\right)^{0.5}}{H} \tag{4-16}$$

式中，$K_{20}$ 为 20℃时水面复氧系数，包含水流引起的水面复氧系数 $K_u$ 和波浪引起的水面复氧系数 $K_w$；$b$ 为水流流速引起的水面复氧系数指数，取值范围在 0.5~1.0，城市内河一般取 0.6；$c$ 为水深对水流引起的水面复氧系数的影响指数，取值范围：0.6~1.8，根据原观实测数据表明，城市河网一般取 1.4；$a$ 为水流引起的水面复氧系数的系数，取值范围：0.05~0.10，城市河道一般取 0.075；$h$ 为水面波高，包括风浪、船行波的影响；$\tau$ 为波浪周期（s）；$\lambda$ 为波长（m）；$H$ 为水深（m）；$C_w$ 为系数，经试验取 0.27；$C^*$ 为某段水体的溶解氧浓度初始值。

由于齐门河的监测断面据上游进水口仅 500m，水流条件良好，且位于风景区，无显著污染物排放。不考虑 DO 与污染物相互作用的前提下，此段的 DO 输移变化过程可用对流–扩散方程来描述。对流-扩散方程中主要包含对流项和扩散项。对流过程是指由于流体本身的宏观运动而引起的流体中各溶质空间分布状态发生的变化，扩散过程是由于流体中溶质在空间分布上的差异导致的，例如，溶质会从浓度高的地方向浓度低的地方运动，热量会从温度高的区域向温度低的地方传递。考虑到污染物的降解时间，在古城河网齐门闸进水口至齐门河监测断面的 500m 段，水体中 DO 满足质量守恒定律，溶解氧完全随水体流动时，其浓度分布可以通过以下对流–扩散方程来控制：

$$\frac{\partial HC}{\partial t} + \frac{\partial UHC}{\partial x} + \frac{\partial VHC}{\partial y} = \frac{\partial}{\partial x}\left(HD_{xx}\frac{\partial C}{\partial x} + HD_{xy}\frac{\partial C}{\partial y}\right)$$
$$+ \frac{\partial}{\partial y}\left(HD_{yx}\frac{\partial C}{\partial x} + HD_{yy}\frac{\partial C}{\partial y}\right) + q_C \tag{4-17}$$

式中，$H$ 为水深（m）；$U$ 为流速（m/s）；$C$ 为沿水深平均的溶解氧浓度（kg/m³）；$t$ 为时间（s）；$D_{xx}$、$D_{xy}$、$D_{yx}$ 和 $D_{yy}$ 是扩散系数张量，其主方向与水流流动方向一致（m²/s）；$q_C$ 是源项，表示单位时间单位流量由河道流入或流出水体的溶质量。

在本书的研究中对苏州古城河网水流利用浅水方程来描述，假设 DO 在河网水流中垂向上是均匀分布的。图 4.18 给出了浅水方程和实际情况中的河道流速垂向分布示意图，同时展示了 DO 在两种流速分布情况下的迁移过程示意图。在浅水方程中，采用沿水深积分的办法，不考虑水深方向上流速的差异，用水深平均流速代替真实断面流速，如图 4.18（a）所示，而在实际情况中，由于河道底层沉积物和水流黏性的影响，坡面流底部会存在一个低流速区（如黏性底层），如图 4.18（b）所示。对于图 4.18（a）中的流速分布来说，如果齐门闸的引水口处产生的紊动作用使复氧量全部进入这一区域水体中，在浅水方程的驱动下，水体到达距进水口 500m 的齐门河监测断面处，在对流影响下，大部分的 DO 会被传输至水体表面。但这与试验所测得的结果并不相符，在对齐门河断面的的重点 DO 数据监测中，发现在引水条件下，齐门河断面的 DO 有明显的分层情况，底层水体 DO 含量只占表层水体 DO 含量的 22.6%~35.0%，而中层水体 DO 含量占表层水体含量的 42.0%~51.3%。产生以上现象的主要原因是浅水方程没有考虑流速的垂向分布，从而忽略了底部低流速区对 DO 传输过程的影响。在真实的引水条件下，水体在紊动区域快速复氧，此部分的溶解氧被快速传输到水体表面，下层水体低流速区内的 DO 则需要很长的时间才会被传输到水体表层。在此过程中，受扩散作用的影响，低流速区内的 DO 会逐渐进入上层高流速区。

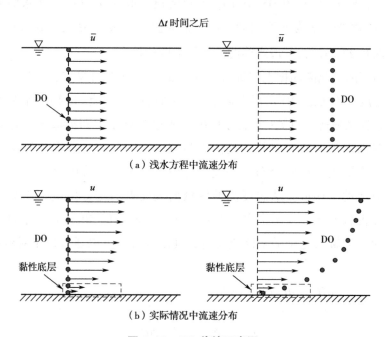

（a）浅水方程中流速分布

（b）实际情况中流速分布

图 4.18 DO 传输示意图

通过以上分析可以认为，齐门河断面处所测得的表层水体 DO 浓度可以很好地表明在河网这一区域内水动力调控作用下的 DO 提升效果。此外，河网中分布的水工构筑物对水体复氧效果也会产生积极作用，令下游水体溶解氧提高，在个别断面甚至出现过饱和现象。

根据上文的河网水体溶解氧改善机制探讨，利用建立的河网水质模型和相关工程的信息进行一些情景假设，如图 4.19 所示，环城河曝气增氧并不会对古城河网内的河道水体溶解氧有显著改善影响。对于河网主干河段来说，水动力提升对溶解氧的整体改善程度良好，在污染较为严重的临顿河段不如河道底泥疏浚和原位净化。作为苏州古城区核心的临顿河段，无论是底泥疏浚还是原位净化，都属于价格高昂的处理方法。利用水动力调控的方法改善河网水体溶解氧也并非一劳永逸，尤其在临顿河段，未达到更高的水质治理目标，"数管齐下"或许是最好的方法。

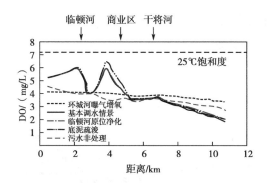

**图4.19　古城河网主流向河段的 DO 改善情景假设**

### 4.3.2　水动力对 $NH_3-N$ 指标改善的作用特征

根据苏州古城河网历年水质数据分析得出河网水体污染中最严重的是氮超标，表现为总氮超标和氨氮超标。且有的水体处于厌氧状态，黑臭水体多，氨氮超标量更大。

从化学形态来看，水体内氮的存在形态可分为有机氮（ON）、氨氮（$NH_3-N$）、亚硝氮（$NO_2^--N$）以及硝态氮（$NO_3^--N$）。在适宜的条件下，ON 会很快通过氨化作用转化成氨氮。根据之前学者的调查与发现，城市污水中的 ON 在常温下经过 20h 就全部转化为氨氮。在溶解氧充足的条件下，铵态氮在亚硝化细菌的作用下，氧化成 $NO_2^--N$，并进而转化成稳定的 $NO_3^--N$，每降解 1mg 氨氮需要消耗溶解氧 4.6mg。在厌氧环境及有机碳源充足的条件下，硝态氮在反硝化细菌的作用下，还原成气态氮逸出水体环境，实现水体氮的去除。

城市河网水环境系统中氮循环十分复杂，影响因素众多。由于城市河道或平原河网生态系统中，水体流动性较差，基本处于低溶解氧平衡状态或缺氧状态，故溶解氧浓度值是反映氨氮降解能力最重要的指标。如果长期处于缺氧状态，那么河网生态系统就会崩溃，河网就会走向黑臭。从溶解氧与氮循环的关系而言，平原河网水系的相互连通性、提高河网水体水动力是维持河网生态系统保持较高溶解氧水平的重要途径。随着河网水动力的增加、河道与河道之间连通性的增加，古城河网水体中溶解氧的浓度将增加，而氨氮指标将会显著改善。

在本书的水动力调控原型监测试验期间，河网水体 $NH_3-N$ 的改善程度较水动力变化有较为明显的滞后时间（通常为 1 日左右），一方面 $NH_3-N$ 本身也是水体中 BOD 降解机制过程中的中间产物之一，另一方面可以推断理解为水动力变化打断了河网水体 $NH_3-N$ 在原有的河网静滞水体中的降解稳态。引水改善 $NH_3-N$ 的实际效果作用于第二日后，共 15 天的改善时间。分别将有相似水动力调控条件的河流进行比较（齐门河、平门河与临顿河，干将河与学士河），如图4.20 和图4.21 所示，随着引水实验的不断进行，古城河网各点的 $NH_3-N$ 浓度有较为明显的下降趋势。其中齐门河与平门河水力条件相似，且同为古城河网的进水口断面，两条河改善幅度与变化梯度具有一致性。而干将河与学士河相比，尽管两条河的总悬浮颗粒物浓度（TSS）与叶绿素 a 浓度（Chl-a）有较大的差别，NH₃-N 的改善程度却较为接近，浓度变化值差值接近 0.7mg/L。表明河网中绝大部分氨氮化合污染物为溶解态，不受 TSS 颗粒物表面积吸附影响。

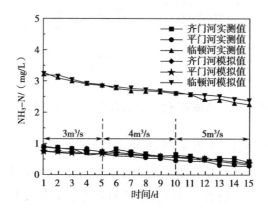

图 4.20　NH₃-N 浓度随流量变化的关系曲线（齐门河、平门河和临顿河）

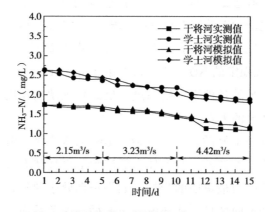

图 4.21　NH₃-N 浓度随流量变化的关系曲线（干将河和学士河）

　　尽管针对水体中氨氮污染物降解这一问题，国外学者开展的研究较早，但水动力驱动氨氮污染物降解的关键机理和原因至今仍未得到一致性的结论。室内水槽水力调节试验是针对性的探究氨氮污染物降解机理的重要途径，而在城市河网中开展水力条件波动对氨氮污染物降解影响的实验非常少。该原观实验研究中，采取河网短期引水的流量调节频率（5~6 天一变化），结合水质样本的重复监测，通过河网各点大量实验数据拟合，定量的认识影响河网水体 NH₃-N 浓度的水动力因子。直观上，流量的增加可以带来更高的流速和水流剪切力，且在实验中 NH₃-N 浓度并没有出现陡然增高的趋势，表明在原观实验的引水驱动条件下，并不会影响清淤过的河网底部泥沙运动，河床稳定性不受影响。在本现场实验中，河网各监测点位的 NH₃-N 浓度与流量和流速拟合良好，说明河网中氨氮污染物浓度对水流条件变动较为敏感。

　　根据本书原型观测的大量数据表明，氨氮浓度与水体溶解氧水平或水体流动性成反比，具有良好的相关性。由此可见氨氮的迁移和降解速率与溶解氧水平或水体流动性之间拥有定量关系可表达。通过氨氮降解公式：

$$\frac{dNH_3}{dt} = -K\theta^{T-20}\left(\frac{DO}{DO_h + DO}\right)NH_3 \tag{4-18}$$

式中，$K$ 为硝化细菌浓度的函数，一般取值为 $0.05 \sim 0.2 mg/(L \cdot d)$；$\theta$ 为阿列纽斯温度系数，城市河道水体一般取 1.08；$T$ 为水体温度（℃）；$DO$ 为水体溶解氧浓度（mg/L），与水体流动性和引水活水量有关；$DO_h$ 为黑臭水体溶解氧水平的标志，城市水体一般取 2.0mg/L；$NH_3$ 为氨氮浓度（mg/L）。

如果城市河网里氨氮排放浓度恒定，则水体流动性越高，平衡浓度将越低，平衡浓度将是河网水动力或溶解氧水平与排放强度的确定关系。取城市河道平均硝化细菌浓度条件时，$K = 0.1 mg/(L \cdot d)$，以苏州古城区河网总蓄水容量 $7 \times 10^5 m^3$ 为例，夏季平均水温取 25℃，按 2017 年苏州排放水平，中心城区每年约排放氨氮 40t，如果需要水体达到Ⅳ水体标准 1.5mg/L，则有如下计算方程：

$$\frac{40 \times 10^6}{365 \times 70 \times 10^4} = 0.1 \times 1.08^5\left(\frac{DO}{2 + DO}\right) \times 1.5 \tag{4-19}$$

经计算，溶解氧水平应维持在 4.9mg/L 以上。如古城区河网往年非引水条件下时溶解氧水平平均只有 3.0mg/L，外塘河与元和塘引水溶解氧水平在 7.0mg/L，则每日至少需要输入溶解氧 $1.9mg/L \times 70 \times 10^9 L = 1.33 \times 10^{11} mg$，合计 $1.33 \times 10^{11} mg/7.0 g/L = 1.9 \times 10^5 m^3$。由于充分混合往往需要 3~4 天，实际需要水量还与混合时间有关。根据现场原型监测试验数据和历史水质数据分析结果，当苏州河网各断面的溶解氧达到目标水质要求时，氨氮也均能满足水质目标，因而可认为 $NH_3-N$ 的水动力改善流速区间与 DO 一致，为 0.18~0.52m/s。

尽管古城河网在水动力调控下总体水质改善明显，然而受水系结构影响，引流带来的水动力提升效果在古城区河网空间上仍有差异，在相同的闸泵控制条件下，学士河断面在所有监测断面中流量和水质改善效果最弱。在实际的原型观测中，河网各区域由于外界条件各异，即使在相同的水动力提升效果下，受原观的其他环境因子影响，水质情况也各不相同。且监测数据显示，在相同闸门开度及泵引工作条件下，水动力提升作用在古城南北区域分布极为不均。如南区学士河的流量改善效果较北区明显不足，在骨干河道中水质提升效果也最弱。目前在现有的夏季水动力调控条件下，古城河网城南片溶解氧达到 4.9mg/L 以上还存在难度，需要在水动力调控的同时再另辟蹊径。

### 4.3.3 水动力对 COD 指标改善的作用特征

在河网水体中，COD 为通过化学方法可被氧化的物质减少的浓度，COD 的具体组分在学术界还存在一些争议，目前认为城市河网中的 COD 主要成分为水体中和沉积物中释放的硫化物以及少量的甲烷类化合物，在河网水体介质中与溶解氧发生氧化反应后转化成各种无机物。苏州古城河网上游长江来水中 COD 含量较低，显著低于河网水体平均水平，由此可知大部分 COD 污染物来自城市河网系统内部。

为了研究水动力调控下河网水动力对 COD 指标的作用特征，选取主水流方向的齐门河、平门河、临顿河、干将河、学士河的断面 COD 水质变化情况进行分析。由前文图 4.3 可知，在水动力调控现场试验下，各断面的 COD 指标的最终结果都满足 IV 类水标准（30mg/L）。尽管 COD 指标受水动力响应时间较慢，随着水动力调控的持续进行，三种不同水动力方案下 COD 最终变化结果也体现了较好的改善趋势。由图 4.22 和图 4.23 中可以看出，COD 降解动力学与河网水动力学联系紧密，主水流方向上的 5 个断面中，COD 浓度基数较高的临顿河和干将河削减幅度较大，削减速率也较快，表明 COD 的削减速率与浓度成正比，呈现明显的一阶动力学反应方程特征，水动力调控下 COD 削减率见表 4.7。且由下文 4.3.4 小节可知，通过苏州古城河网综合现场试验数据和历史数据的 CC 系数计算，城市河网水体透明度大小与 COD 浓度关系密切，体现了河网水体沉积物量与 COD 浓度大小息息相关，且在 TSS 较高的临顿河和干将河中显得尤为明显。

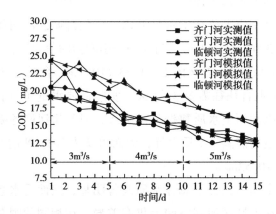

图 4.22　现场水动力调控下河网各主河段 COD 变化（齐门河、平门河、临顿河）

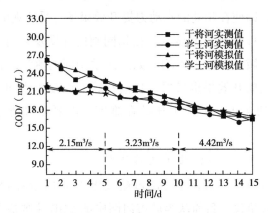

图 4.23　现场水动力调控下河网各主河段 COD 变化（干将河、学士河）

表 4.7　水动力调控下 COD 削减率

| 断面位置 | 削减率/% |
|---|---|
| 齐门河 | 22.45 |
| 临顿河 | 37.35 |
| 干将河 | 36.69 |
| 学士河 | 19.49 |

各河段 COD 在水动力调控下的变化规律来看，相比之下，COD 受水动力的响应速率较慢于 DO 和 NH₃-N。可推断出 COD 在水体中的降解过程较为缓慢和复杂，是一项需要长期改善的城市河网水质指标。尽管各河道的 COD 削减率存在较为明显的差异，但现场实验中各河道 COD 的最终削减幅度满足了较好的预期，均能满足Ⅳ类水改善需求，这表明现场试验的水动力状态符合苏州古城河网 COD 改善目标。可为苏州古城河网的水动力调控方案提供指导。根据现场原型监测试验数据和历史水质数据分析结果，当苏州河网各断面的溶解氧（DO）达到目标水质要求时，COD 也均能满足水质目标，因而可认为 COD 的水动力改善流速区间与 DO 一致，为 0.18～0.52m/s。由此得出，DO 是河网中最重要的水质指标，在设定面向水质改善的水动力调控方案时需将溶解氧改善作为优先考虑。

### 4.3.4　水动力调控下的透明度响应特征

透明度因其常用测量工具塞氏盘，而被称为塞氏盘深度（Secchi Depth，SD），是一个重要的水体视觉指标。透明度是描述河道光学特征的一个重要参数，能直观反映河道水体清澈和浑浊程度，其作为重要的城市河道水质感官指标，在目前我国的城市水环境治理中越来越被重视。

河道透明度与光学衰减系数、漫射衰减系数之间存在密切关系，能够反映河道水体光学特性。同时透明度也被认为是估算河道水体富营养化区域的方法之一，如下式：

$$Z_e = mSD \qquad (4-20)$$

式中，$Z_e$ 为富营养化区域（Euphotic Zone），$m$ 为取值 1～5 的系数。

Brezonik[55] 通过对城市河道水体的调查研究发现，城市河道水体的透明度与水体中的总悬浮物（Total Suspended Solids，TSS），水温（Water Temperature，TE），溶解氧（DO）和叶绿素浓度（Chlorophyll，Chl）有一定的相关关系。之前已有对透明度的大量研究，通过单一指标建立与透明度的函数关系，包括浊度（Turbidity，TUR）、TSS、Chl-a、水位（Water Level，WL）等指标（见表 4.8 和表 4.9）。

表4.8　城市河网水体透明度变化的三种过程

| 序号 | 类型 | 内容 |
|---|---|---|
| 1 | 物理 | 流速引起的河网水体中悬浮物或沉积物的变化，导致透明度降低等 |
| 2 | 化学 | 河网中的污染物引起水质恶化，导致透明度降低等 |
| 3 | 生物 | 水生物量增加引起的透明度变化，如藻类过度生长和鱼类翻泥等 |

表4.9　文献透明度估算方法细节

| 学者 | 方法 | 输入 | 输出 | $R^2$ |
|---|---|---|---|---|
| Carlson（1977） | $\ln(SD)=2.040-0.68\ln(\text{Chl-a})$ | Chl-a | $SD$ | 0.86 |
| Brezonik（1978） | $\log(SD)=0.48-0.72\log(\text{Tur})$ | Tur | $SD$ | 0.53 |
| Gikas 等（2006） | $SD=1.26(\text{Chl-a})^{-0.22}$ | Chl-a | $SD$ | 0.34 |
| Gikas 等（2009） | $\log(SD)=2.11\log(\text{TSS})^{-0.16}$ | TSS | $SD^{a}$ | 0.37 |
| Wu 等（2008） | $\ln(SD)=-20.067+1.363WL\ [WL\leqslant14.75]$ | WL | $SD$ | 0.70 |
| Wu 等（2008） | $\ln(SD)=-0.222+0.018WL\ [WL>14.75]$ | WL | $SD$ | 0.70 |
| USGS（2014） | $SD=11.123TUR^{-0.637}$ | TUR | $SD^{b}$ | 未公开 |

注：$SD$ 为塞氏盘深度（m），$SD^{a}$ 为塞氏盘深度（cm），$SD^{b}$ 为塞氏盘深度（ft）。

但透明度本质上是一种水体的光学类指标，与水动力指标甚至与水质指标之间难以存在线性关系。本节通过原观大量数据进行分析，探寻透明度指标与各影响因子内在关系，探寻水动力对透明度的改善机制。

1. 古城河网透明度数据采集

在本书的研究中透明度测量时间为冬季原观的 11 月 7 日至 11 月 28 日，覆盖了冬季原观的引水前时间段和引水后时间段，通过结果可以鲜明对比引水前后，透明度的改善情况，原观试验中透明度测量点位分布图见图 4.24。

自水动力调控实施之后，随着外塘河与元和塘活水不断进入古城区河网范围，水体透明度逐渐增大，而后趋于稳定。其中齐门河段水体透明度显著改善时间约为 12h，干将桥处于齐门河下游，改善时间约为 18h。因透明度的改善源于水动力对颗粒态污染物和有色度物质的驱动作用，受水动力因子响应迅速，变化的缓冲时间要小于水质的变化时间。在记录各点的透明度数据时，同时记录其他水质数据。

2. 水动力调控下古城河网透明度变化

在测量透明度数据的同时，冬季原观期间对古城河网内部分主要河道的水质状况进行统计分析，如图 4.25 所示，河网整体 COD 指数平均浓度为Ⅲ类，DO 指标浓度的平均水平在Ⅱ类。相对于夏季，冬季条件下河网整体水质较好，在冬季原观条件下古城河网透明度的变化呈现出整体较高、不断波动的趋势，以临顿河为例，11 月 25 日至 28 日持续调水，临顿河透明度由 23cm 提升至 50cm。在此期间，由于河道水体氨氮、COD 指数偏高，溶解氧偏低，水体整体水质较差，一定程度上影响了水体透明度的改善。

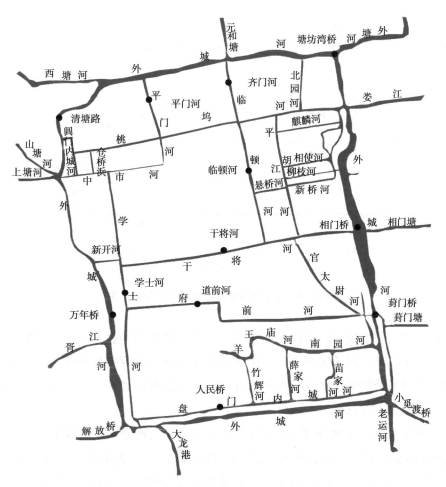

图 4.24　原观试验中透明度测量点位分布图

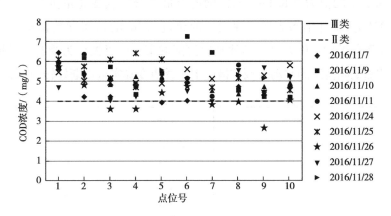

图 4.25　冬季原观河网水体 COD 指数

　　据原观数据显示，水体中藻类会对透明度产生显著影响，引水前，学士河藻密度为 10 000cell/L，透明度为 35cm 左右持续引水后，藻密度下降到 $2 \times 10^7$cell/L，水体透明度升高至 58cm 左右，河道透明度随着水体藻密度的下降而逐渐升高，其中 11 月 28

日，学士河监测点位藻密度为 $1.92×10^7$ cell/L（见图 4.26），此式透明度为 55cm，而道前河在藻密度达到 $5.156×10^7$ cell/L 时，透明度却有 54cm。

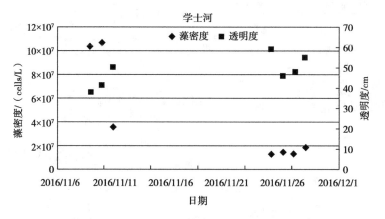

图 4.26　学士河藻密度与透明度含量变化图

由此看来，引水带来的水动力变化对河网水体透明度的提升具有一定的影响，但相关关系并不明晰。现场实验中，河网各监测断面的透明度差异不明显，在引水条件下，河网各区域透明度变化也存在上下波动，而其他指标如叶绿素、水位、浊度等对透明度的影响也不容忽视。

2013 年 1 月 5 日至 2019 年 12 月 31 日期间的古城河网透明度每周平均值（$SD_{WA}$）、河网每周最大值（$SD_{MX}$）和最小值（$SD_{MI}$）如图 4.27 所示，表 4.10 中的描述性统计量显示河网平均透明度在监测期间的变化范围为 $0.26 \sim 0.89$ m；最大透明度变化范围为 $0.544 \sim 1.103$ m，平均值为 0.803m，而河网各点最低透明度变化范围为 $0.179 \sim 0.566$ m，平均值为 0.321m。统计结果表明，观测到的超过 0.4m 的透明度数据集占总数据集的 75%。这一比例高于长三角大多数其他平原河网城市，可以被认为受益于长期的调水工程。在原型监测期间持续的水动力调控措施下，透明度确实呈逐渐好转的趋势。

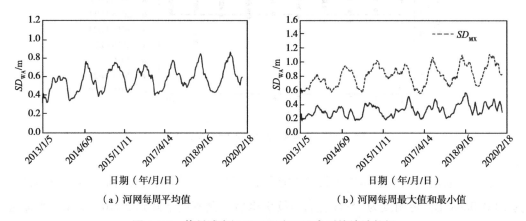

（a）河网每周平均值　　　　　　　　　（b）河网每周最大值和最小值

图 4.27　苏州城市河网透明度不同类型的统计数据

表 4.10 苏州河网水体透明度的统计参数

| 透明度变量 | 平均值 | 标准差 | 最小值 | 最大值 |
|---|---|---|---|---|
| $SD_{WA}$ | 0.558 | 1.79 | 0.26 | 0.89 |
| $SD_{MX}$ | 0.803 | 1.95 | 0.544 | 1.103 |
| $SD_{MI}$ | 0.321 | 1.70 | 0.179 | 0.566 |

图 4.26 的结果也表明河网透明度具有季节性变化，通常情况下，河网季节性变化主要体现在受温度影响的溶解氧（DO）浓度上。随着测量工具、测量方法不断进步，在水动力-水质大数据的支持下，探寻估算透明度的新方法成为可能。据文献查阅，除上述所阐明会对透明度产生显著影响的过程之外，一些与透明度没有强相关性的参数如温度（TE）和溶解氧（DO）等，也可能会间接影响透明度。例如光合作用随季节性的改变是影响塞氏盘读数变化的一个重要来源，这一点在透明度读取中十分重要，因为温度的升高会直接影响塞氏盘的读数，反之亦然。因而在探寻透明度与各水质之间影响因子的响应特征前，需对监测数据进行统计分析。

表 4.11 则给出了在之前的研究中与透明度相关指标数据集的描述性统计。这里的 $X_{mean}$、$X_{max}$、$X_{min}$、$S_x$、$CC$ 和 $C_v$ 分别代表平均值、最大值、最小值、标准偏差、相关系数和与塞氏盘深度的变异系数。统计分析总结出与城市河网水体透明度相关的前三位是 TSS、Chl 和 COD，并且与速度也有显着的相关性。表明除去 TSS 与 Chl 两项传统指标之外，城市河网的 COD 指标也与透明度之间存在显著的相关性。由此可见，在有效提高城市河网透明度的方案中，需首先考虑降低河网中 COD 的浓度。

表 4.11 苏州河网水质指标的统计参数

| 项目 | 参数 | | | | | |
|---|---|---|---|---|---|---|
| | $X_{mean}$ | $X_{max}$ | $X_{min}$ | $S_x$ | $C_v$ | $CC$ |
| SD/m | 0.558 | 1.216 | 0.147 | 0.439 | 0.692 | 1.000 |
| V/(m/s) | 0.236 | 0.624 | 0.089 | 0.348 | 0.761 | 0.146 |
| TSS/(mg/L) | 25.8 | 54.4 | 9.1 | 6.574 | 1.235 | −0.497 |
| TE/℃ | 17.8 | 32.6 | 1.3 | 4.223 | 0.542 | −0.134 |
| DO/(mg/L) | 5.14 | 8.92 | 0.23 | 1.174 | 0.211 | −0.085 |
| COD/(mg/L) | 20.23 | 36.72 | 11.48 | 5.241 | 0.463 | −0.363 |
| Chl/(μg/L) | 14.96 | 24.67 | 6.72 | 3.621 | 0.283 | −0.47 |

3. 基于人工神经网络法的河网透明度计算模型

上一小节已给出在现场水动力调控条件下，与城市河网水体透明度相关的指标前四位是 TSS、Chl、COD 和 V。利用可靠相关参数，在大数据支持下论文基于人工神经网络法（ANN），建立有效的透明度计算模型。

　　人工神经网络（Artificial Neural Network，ANN）是一种机器学习技术，通常用于大量信息中的未知关系，用于处理大数据集中复杂的非线性特征并执行分类和回归。ANN 由大量处理单元相互联系组成的非线性、自适应数据信息处理系统组成。其具有自适应、自组织和自学习能力，可用来发掘大数据中不同数据的潜在非线性相关关系。在城市河网环境因子较多，单独研究其中一项外界因子对水质指标的影响作用时，可利用 ANN 方法可具体输出外界因子对某一指标的控制结果，进而消除其他数据变量的外在影响，不仅可以解决河网大型同步原型监测试验的数据分析，也可以对水动力提升对水质指标响应机制的基本科学问题提出进一步的认识。

　　受人脑神经元原理的启发，人工神经元分布在不同的层中，每一层都包含无数个神经元。层主要分为三类：输入层、隐藏层和输出层。本方法研究中使用的人工神经网络模型有一个带有 Sigmoid 激活函数的隐藏层，由于平滑和易于推导的特性，它在生物学中经常被使用。输入层的神经元对应输入参数的个数。隐藏层是 ANN 模型中最重要的部分，用于预测透明度，其中神经元计算加权输入的总和并添加偏差值（阈值）。ANN（图 4.28）模型的运行过程可以表示为：

$$A_i = B_1 + \sum_{i=1}^{h} w_{ij} x_i \tag{4-21}$$

　　公式中 $i$ 是第 $i$ 个隐藏神经元的加权和，$j$ 是对应的隐藏神经元的个数，$h$ 是输入的总数，$w_{ij}$ 表示第 $i$ 个输入到第 $j$ 个隐藏神经元的连接表征的权重，是隐藏层中每个神经元的偏差项。该函数给出第 $i$ 个隐藏神经元的输出：

$$Y_i = f(A_i) \tag{4-22}$$

　　采用的激活函数是指 Sigmoid 函数：

$$f(A) = \frac{1}{1 + e^{-A}} \tag{4-23}$$

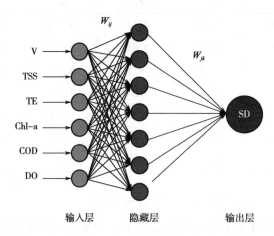

图 4.28　城市河网水体透明度的人工神经网络计算流程

ANN 输出由下式给出：

$$O_h = B_2 + \sum_{i=1}^{m} w_{ih} Y_i \qquad (4\text{-}24)$$

其中，$w_{ih}$ 表示权重，表征第 $M$ 个隐藏神经元到第 $P$ 个输出神经元的连接，共有 $m$ 个隐藏神经元，$B_2$ 为偏差项。

同时建立多元线性回归模型（Multivariable Linear Regression Model），进行两种预测方法上的比较。多元线性回归（MLR）模型用于通过多个可选的自变量与一组系数的最佳组合来预测或估计因变量。在本方法研究中，研究区有几个潜在的透明度预测因子，可描述为：

$$y = \beta_0 + \beta_1 x_1 + \beta_2 x_2 + \beta_3 x_3 + \cdots + \beta_i x_i \qquad (4\text{-}25)$$

其中，$y$ 是因变量透明度（SD），$x_i$ 表示独立参数（水动力参数和水质参数），$\beta_i$ 表示多元线性回归的系数。

基于选定的参数，建立四种 ANN 模型（M1、M2、M3 和 M4），M1 模型只开发了速度、TSS 和 Chl、DO，在 M1 的基础上在 M2 模型中加入温度（TE），M3 模型是使用所有输入参数（V、TSS、DO、COD、Chl 和 TE）进行开发。最后使用 V、TSS、Chl 和 COD 开发了 M4 模型。对于基于 ANN 技术的四种模型，输入和输出神经元的数量与模型的结构密切相关。在这项研究中，需要反复试验才能找到最佳的隐藏层，并测试了具有 15 个神经元的隐藏层，以获得本研究中的最佳结果。对于基于 MLR 方法的 4 个模型，根据流量计原始数据以 0.99 的折现系数得到折现流量，然后根据河网河段地形在每个观测点通过折现计算分别得到对应的流速。每个模型中随机选取 60% 的数据点作为训练数据集，其余 20% 的数据量作为验证数据集，20% 的数据量作为测试数据集。为了提高预测模型准确性，每种模型都测试 3 次。

MLR 模型和 ANN 模型拟合在训练数据集、验证数据集和测试数据集上。此外，测试数据集用于监测范围外的数据，通过均方根误差评估该预测模型的性能，将每个模型运行 3 次后的结果平均值如表 4.12 所示，基于 ANN 的模型性能在所有阶段都优于 MLR 模型。在其他 ANN 模型中，M4 模型在所有阶段的性能都表现最佳。ANN 结果清楚地显示了从 M1（$CC = 0.859$）到 M3（$CC = 0.882$）的性能显著改善。$CC$ 从 0.87 增加到 0.897，改善率为 2.5%，MAE 从 0.859 减少到 0.834，改善率为 3.0%。对于 MLR 模型，它在训练数据集上拟合良好，但在其他阶段表现不佳。基于 MLR 的 M3 模型性能最佳。对于其他基于 MLR 的模型，模型的 $CC$ 从 M1（$CC = 0.594$）至 M2（$CC = 0.573$）缓慢下降，并从模型 M2 到模型 M3（$CC = 0.607$）略有增加。而模型在 RMSE 和 MAE 上的改进分别小于 10.5% 和 6.2%，可以忽略不计。虽然这并没有反映在 ANN 模型的所有数据集上，但在训练数据阶段，ANN 模型的性能明显优于 MLR 模型的性能。

表 4.12　不同阶段的 ANN 和 MLR 的模型表现

| 模型 | | 训练 | | | 验证 | | | 测试 | | |
|------|------|------|------|------|------|------|------|------|------|------|
| | | *CC* | *RMSE* | *MAE* | *CC* | *RMSE* | *MAE* | *CC* | *RMSE* | *MAE* |
| ANN | M1 | 0.876 | 1.308 | 0.911 | 0.856 | 1.441 | 0.869 | 0.887 | 0.882 | 0.848 |
| | M2 | 0.895 | 1.223 | 0.872 | 0.837 | 1.619 | 1.014 | 0.861 | 0.931 | 1.009 |
| | M3 | 0.909 | 0.885 | 0.659 | 0.884 | 1.543 | 0.846 | 0.912 | 1.248 | 0.938 |
| | M4 | 0.927 | 0.867 | 0.646 | 0.893 | 1.546 | 0.848 | 0.919 | 0.906 | 0.869 |
| MLR | M1 | 0.588 | 2.611 | 1.902 | 0.528 | 2.813 | 2.267 | 0.578 | 2.738 | 2.352 |
| | M2 | 0.571 | 2.783 | 1.928 | 0.507 | 3.128 | 2.443 | 0.558 | 2.862 | 2.486 |
| | M3 | 0.605 | 2.655 | 2.007 | 0.572 | 2.965 | 2.491 | 0.583 | 2.923 | 2.573 |
| | M4 | 0.616 | 2.612 | 1.915 | 0.589 | 2.854 | 2.373 | 0.602 | 2.774 | 2.409 |

　　此外，从结果来看，将模型中的输入参数数量从 3 个（M1）提升为 5 个（M2）并没有体现模型性能的显著改进，M1 模型的 CC 和 RMSE 分别改进了 2.5% 和 6.7%，在 MAE 方面也获得了 3.1% 的改进，相对优于 M3 模型：MAE 从 0.902 下降到 0.643（下降了 40.1%）。从表 4.12 中可以看到，将 COD 指标添加到透明度预测模型中可很大程度提高预测模型的准确性。ANN 的预测结果和 MLR 的预测结果的散点图如图 4.29 所示。

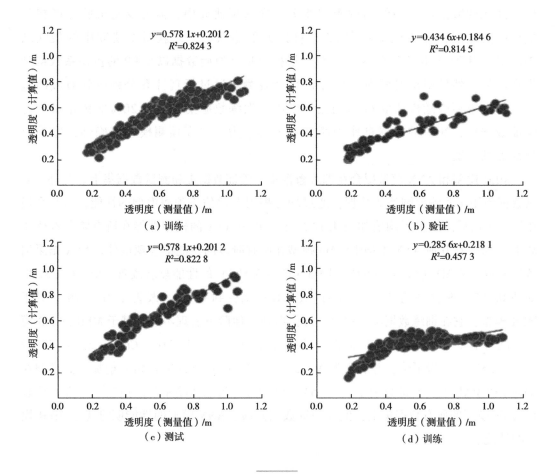

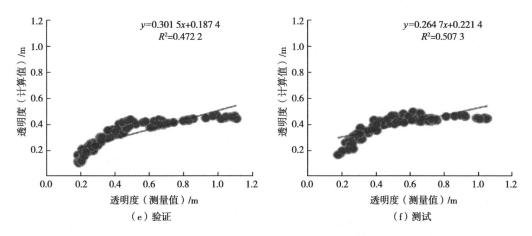

$y=0.301\,5x+0.187\,4$
$R^2=0.472\,2$

$y=0.264\,7x+0.221\,4$
$R^2=0.507\,3$

（e）验证　　　　　　　　　　　　　　　　（f）测试

**图 4.29　透明度（M4）的测量值与预测值的散点图**

注：图（a）、（b）、（c）为 ANN 模型，图（d）、（e）、（f）为 MLR 模型。

平原城市河网中，由于各河段断面情况各异，各在同样流量的情况下流速也大小不一，因而在论文的透明度计算模型中，流速被考虑为最重要的水动力参数输入。表4.13 为本研究所选取不同参数的 MLR 模型描述，并利用支持向量机方法解析流速（$V$）与透明度（$SD$）的复杂响应关系，验证将流速（$V$）作为输入参数的合理性。

**表 4.13　MLR 模型对回归方程的描述**

| 模型 | 回归方程 |
|:---:|:---:|
| M1 | $8.316+0.306\ln V-0.132\text{TSS}-0.117\text{Chl}$ |
| M2 | $8.723+0.289\ln V-0.141\text{TSS}-0.052\text{TE}-0.124\text{DO}-0.105\text{Chl}$ |
| M3 | $9.852+0.267\ln V-0.129\text{TSS}-0.052\text{TE}-0.084\text{DO}-0.113\text{COD}-0.102\text{Chl}$ |
| M4 | $8.521+0.294\ln V-0.131\text{TSS}-0.106\text{Chl}-0.112\text{COD}$ |

从河网各监测点现场试验数据集中选取对应的流速-透明度数据，分别建立支持向量机回归模型（SVM）和线性回归模型（LR）进行比较，数据量的 80% 作为两种模型的训练集，20% 的数据量作为两种模型的预测集，并通过决定系数（$R^2$）和均方根误差（$RMSE$）来评估模型结果。

图 4.30 中表明 LR 和 SVM 模型预测的透明度结果分别表现出直线、曲线和散点的模式。LR 模型显示均方根误差低于 25.00 且 $R^2$ 超过 0.41，意味着基于训练数据集的大部分预测透明度与观察值重叠。然而，在使用相同模型预测测试数据集中的透明度时，均方根误差显着增加至高于 27.36，并且 $R^2$ 减少小于 0.33。这是过拟合的典型结果。相比之下，LR 和 SVM 模型表现出的结果是训练和测试数据集的 RMSE 彼此接近。

为了避免过拟合，通过调整参数对 SVR 模型进行优化。将优化后的 SVM 模型的 RMSE 和 $R^2$ 添加到表4.14 中。由于流速与水质指标之间的影响是通过均方根误差估计的，因此 SVR 模型在测试和训练数据集上的 $R^2$ 仍然存在显着差异。

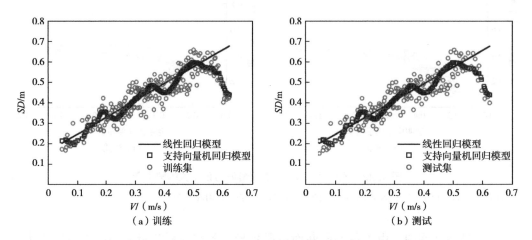

图 4.30　流速与透明度响应关系的 LR 和 SVM 预测结果

表 4.14　预测模型结果的均方根误差比较

| 模型 | 训练集 | | 测试集 | |
|---|---|---|---|---|
| | RMSE | $R^2$ | RMSE | $R^2$ |
| 线性回归（SD） | 27.36 | 0.322 6 | 24.44 | 0.413 9 |
| 支持向量机（SD） | 25.03 | 0.653 5 | 26.82 | 0.471 8 |

表 4.14 中的结果表明，线性回归模型在预测测试数据集中的透明度时具有更高的均方根误差，与 SVM 的均方根差异在 2.00 以内。与线性模型相比，SVM 模型的均方根误差更低，为 26.82，但 $R^2$ 在两个数据集中优于线性回归模型。综上，在一定的流速阈值内，水质指标的改善与水动力条件呈正相关，表明在基于人工神经网络法的透明度计算模型中，流速可以作为预测模型的有效输入参数。在 0.22~0.45m/s 的流速区间内，随着流速的提高可以对平原城市河网透明度产生积极影响。

可见使用长期现场监测数据计算平原城市河网中的水体透明度是一种良好的尝试。通过 ANN 模型与 MLR 模型结果的对比，表明水动力参数可作为城市河网 SD 预测模型的有效参数。此外，COD 浓度对透明度的影响在河网中至关重要，由现场数据来看，透明度在 COD 含量较高的临顿河和干将河中明显低于其他河道，而对于模型来说，在包含 COD 参数作为输入后的透明度预测模型性能显著改善。由此来看，更准确、更实用的平原城市河网透明度预测模型，其输入参数包括流速、TSS、COD 和 Chl。在水利信息化的未来，水动力-水质实时数据易于获取的条件下，此模型方法可以被有效实施。

## 4.4 水动力调控下的河网污染物降解系数解析及动态水环境容量计算

### 4.4.1 稳态平衡方程

实际上在社会中对"流水不腐"的理念一直有着引水冲污,或是"污水搬家"的争议,在本书研究中,河网水动力提升是否对和河网水环境存在改善作用或是单纯的对污染物稀释、运移是需要探讨的重点问题。本节利用丰富的原型观测数据,采用物质稳态平衡方程对原观期间水动力对河网污染物降解作用进行验证。假设在引水条件下,河网中的任意河段即河网进水及出水口的污染物浓度满足稳态平衡方程,则满足以下方程(方程图解见图4.31):

$$V \frac{\mathrm{d}C}{\mathrm{d}t} = W - QC - kVC \tag{4-26}$$

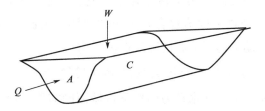

**图4.31 稳态平衡方程图解**

式中,$C$ 为污染物浓度(M/L$^3$);$k$ 为一阶污染物衰减率(T$^{-1}$);$Q$ 为流量(L$^3$/T);$V$ 为流体体积(L$^3$);而 $W$ 为污染物荷载(M/T)。

当持续引水,河网中污染物浓度达到稳态时,用下式计算:

$$C_{\mathrm{ss}} = \frac{W}{Q + KV} = \frac{W}{\alpha} \tag{4-27}$$

此公式中 $\alpha$ 为稳态降解系数(L$^3$/T),在水动力调控前后使用下标 b 和 a,可以得到:

$$C_{\mathrm{ss,\,b}} = \frac{W}{Q_{\mathrm{b}} + kV_{\mathrm{b}}} = \frac{W}{\alpha_{\mathrm{b}}} \tag{4-28}$$

和

$$C_{\mathrm{ss,\,a}} = \frac{W}{Q_{\mathrm{a}} + kV_{\mathrm{a}}} = \frac{W}{\alpha_{\mathrm{a}}} \tag{4-29}$$

假设水动力调控河段进出口两处降解系数不发生变化。在没有外源污染物输入的情况下满足物质稳态平衡,则可以推导得到:

$$\frac{\alpha_{\mathrm{b}}}{\alpha_{\mathrm{a}}} = \frac{C_{\mathrm{ss,\,a}}}{C_{\mathrm{ss,\,b}}} \tag{4-30}$$

如果河网引水作用仅仅是对水体污染物造成稀释和输移作用,增加以下假设:①污染物在该河段完全混合,此点在各引水方案时间的中期可以末期可以实现;②污

染物荷载 $W$ 不会随时间变化，此点在水流条件较好的古城河网干将河以北区域均能实现；③在进行原观测量之前，河道水体系统已达到稳态，满足条件同第一条；④与河网系统内部增加的污染物荷载量相比，河网通过引水而增加的污染物量可以忽略不计。通过四项假设，则可以得到：

$$W = Q_b C_{ss,\,b}^* = Q_a C_{ss,\,a}^* \tag{4-31}$$

或

$$\frac{C_{ss,\,a}^*}{C_{ss,\,b}^*} = \frac{Q_b}{Q_a} \tag{4-32}$$

上式中，$C_{ss,i}^*$（$i=a$，b）为假设只有稀释和输移作用的相应河段的稳态污染物浓度估计值。意味着，如果不存在水动力调控下的降解作用，则河网各河段的浓度比和流量比则会存在上下游相等的情况。稳态平衡方程体现的是一种理想状况，在实际的水动力调控现场试验中，即使是在污染物外源输入最小且相对最稳定的齐门河处，同步观测下进出口断面的污染物浓度值也存在一定的差距。由此可以基于稳态平衡理论，结合数据分析以窥探水动力对污染物的降解促进影响。

### 4.4.2 河网水动力提升下的污染物降解作用解析

平原城市河网水系复杂，在水动力调控下古城河网需要 3~5 天的周期才能完成一次换水，这表明在现场试验条件下，即使水动力条件充分提升，水体在河网系统中也有充分的停留时间，可通过现场试验大数据分析水体自净量。

在不同水动力条件下的各点位 NH$_3$-N 浓度变化过程的试验案例如图 4.32、图 4.33 和表 4.15 所示，在齐门河点位，最大流速达到 0.46m/s 时，NH$_3$-N 浓度随着试验的进行降低 0.48mg/L，削减效率百分比是 62.3%。对于 0.39m/s 和 0.31m/s 的流速，相应的降解效率分别为 40.5% 和 30.2%。在河网的各个点位，随着流量及流速的提高，NH$_3$-N 降解的降解速率也一并增加。在各河道最大流速的条件下，NH$_3$-N 的削减效率为 52.4%~68.3%，而每日的削减量在齐门河处，随着时间的增加有减少的趋势。

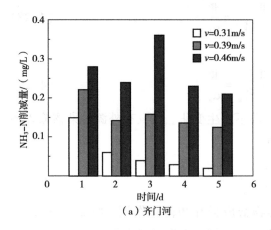
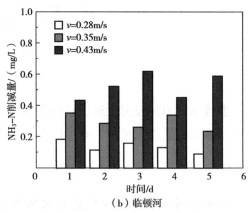

图 4.32 NH$_3$-N 不同流速下的每日削减量（齐门河与临顿河）

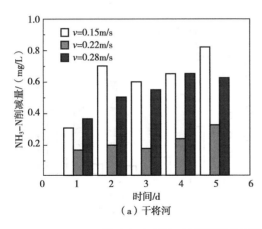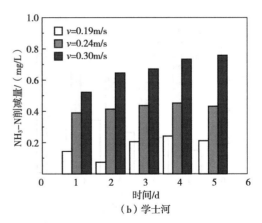

图 4.33 NH₃-N 不同流速下的每日削减量（干将河与学士河）

表 4.15 河网四条主干河段 NH₃-N 浓度削减量和降解效率

| 点位 | 初始浓度/ (mg/L) | $v$/(m/s) | 浓度削减/ (mg/L) | 降解效率/% | $k$/d |
|------|------|------|------|------|------|
| 齐门河 | 0.9 | 3.01 | 0.48 | 42.3 | 0.092 |
| 临顿河 | 2.3 | 2.68 | 1.2 | 47.95 | 0.245 |
| 干将河 | 1.7 | 2.21 | 1.03 | 43.98 | 0.203 |
| 学士河 | 2.6 | 3.46 | 1.25 | 63.59 | 0.025 |

不同水动力条件下各点位的 COD 浓度变化过程实验案例如图 4.34、图 4.35 和表 4.16 所示。与 NH₃-N 相比，COD 对水动力的响应不如 NH₃-N 敏感，改善效率较低，且与 COD 浓度的本底值有关，如本底值较高的临顿河，COD 的改善效率甚至不如水动力提升较弱的学士河。结果表明较之于 NH₃-N，COD 降解所需的时间尺度更大，且需要消耗更多的溶解氧。齐门河在流速达到 0.31m/s、0.39m/s 和 0.46m/s 时，COD 的降解效率分别为 11%、14% 和 17%。而临顿河则为 7%、10.3% 和 12.1%。

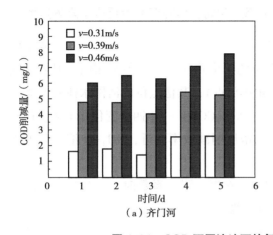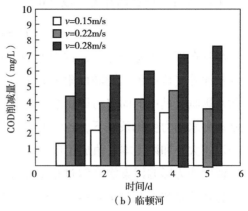

图 4.34 COD 不同流速下的每日削减量（齐门河与临顿河）

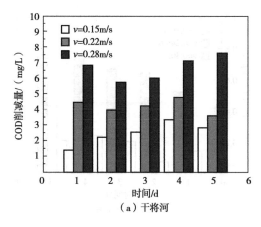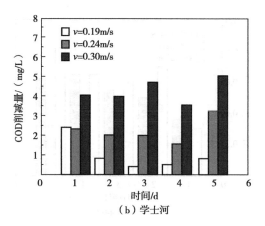

**图4.35 COD 不同流速下的每日削减量（干将河与学士河）**

**表4.16 河网四条主干河段 COD 浓度削减量和降解效率**

| 点位 | 初始浓度/<br>（mg/L） | $v$/（m/s） | 浓度削减/<br>（mg/L） | 降解效率/% | $k$/d |
|---|---|---|---|---|---|
| 齐门河 | 18.71 | 0.46 | 2.48 | 13.25 | 0.062 |
| 临顿河 | 26.34 | 0.42 | 3.16 | 11.98 | 0.45 |
| 干将河 | 19.87 | 0.35 | 3.03 | 15.24 | 0.023 |
| 学士河 | 22.62 | 0.32 | 2.25 | 9.9 | 0.034 |

由河网现场监测数据可知，河网中氨氮和 COD 削减的幅度与河网水体本身的污染物浓度息息相关，呈现出显著的一阶反应动力学特征。因而在河网水动力条件下的 $NH_3$-N 和 COD 降解系数均可通过一阶反应动力学方程进行拟合。一阶反应动力学方程如下所示：

$$C = C_0 e^{-kt} \tag{4-33}$$

其中，$C$ 为时间 $t$ 时的水体污染物浓度（mg/L），$C_0$ 为水体污染物的初始浓度（mg/L），$k$ 为污染物的降解系数（$d^{-1}$），$t$ 为降解时间，而降解系数反应了降解速率。

$$C = C_0 e^{-k\frac{L}{u}} \tag{4-34}$$

尽管在现场实验条件下，古城河网各点位的污染物初始浓度各不相同，但取样点除临顿河外（临顿河监测断面附近有工业废水排放点），其他点位的河网水体主要受生活污水影响，其中的固定污染物浓度（如 $NH_3$-N 和 COD）一年四季变化并不大。在梯级水动力水动力变化条件下，各河道的污染物浓度削减效率相近，$NH_3$-N 浓度改善幅度与流速大小和浓度本底值成正比。

温度作为影响污染物降解过程的重要因子，在探讨降解系数时无法忽略。水体中污染物降解系数 $K$ 根据 Phelps[10] 经验公式进行修正，表达如下：

$$K = K_{20}\theta^{T-20} \tag{4-35}$$

式中，$K_{20}$ 可分别表示为为 $NH_3$-N 和 COD 在 20℃时的降解系数，$\theta$ 为温度校正因子，是一个无量纲的经验系数，在以前研究人员们的研究中，$NH_3$-N 的 $\theta$ 值为 1.047[49]，而 COD 的 $\theta$ 为 0.058，$T$ 为温度，将该降解系数换算成 20℃时的降解系数，并通过河网各点数据进行拟合，换算后的降解系数结果如表 4.17 和表 4.18 所示。

表 4.17　经过 PHELPS 经验公式计算所得 $NH_3$-N 所得 20℃的降解系数

| 点位 | $v/(m/s)$ | $T/℃$ | $K/(d^{-1})$ | $K_{20}/(d^{-1})$ |
|---|---|---|---|---|
| 齐门河 | 0.46 | 29.8 | 0.062 | 0.078 |
| 临顿河 | 0.42 | 30.6 | 0.245 | 0.209 |
| 干将河 | 0.35 | 30.3 | 0.031 | 0.023 |
| 学士河 | 0.32 | 28.7 | 0.025 | 0.017 |

表 4.18　经过 PHELPS 经验公式计算所得 COD 所得 20℃的降解系数

| 点位 | $v/(m/s)$ | $T/℃$ | $K/(d^{-1})$ | $K_{20}/(d^{-1})$ |
|---|---|---|---|---|
| 齐门河 | 0.46 | 29.8 | 0.052 | 0.048 |
| 临顿河 | 0.42 | 30.6 | 0.035 | 0.029 |
| 干将河 | 0.35 | 30.3 | 0.031 | 0.024 |
| 学士河 | 0.32 | 28.7 | 0.023 | 0.014 |

通过表格数据拟合分析，可获得如下关系式：

$$K(NH_3\text{-}N) = 0.461v + 0.030 \tag{4-36}$$
$$K(COD) = 0.258v + 0.042 \tag{4-37}$$

以上结果表明，流速的增加对上述两种污染物有重要影响，流速有效增加了河网水体的湍流度，有利于 $NH_3$-N 和 COD 的扩散和降解。

本书采用数据是在现场实验中收集，因此能更真实地反映水动力调控下城市河网水体中 $NH_3$-N 和 COD 的降解状况。根据国家标准《地表水环境质量标准》（GB 3838—2002），所有条件下的污染物指标初始浓度均超过了Ⅳ级标准。在现场实验的最大流量调度下，大部分河道的 $NH_3$-N 已达到治理目标的Ⅳ类水要求，而部分河道的 COD 状况与Ⅳ类水仍有部分差距。

将所得降解系数与水动力条件综合讨论，结合城市河网水动力调控实际情况，可将 $K$ 表达为以下关系式：

$$K = f(\rho,\ H,\ v,\ g,\ \eta) \tag{4-38}$$

由于密度（$\rho$）、水深（$H$）、流速（$v$）、重力加速度（$g$）和阻力系数（$\eta$）量纲各不相同，将上式中各参数量纲统一化后，可得如下表达式：

$$K = 86\,400\,\frac{v}{H}f\left(\frac{gH}{v^2},\ \frac{\eta}{\rho Hv}\right) \tag{4-39}$$

公式拟合所需的参数如表 4.19 所示。

表 4.19　公式拟合所需的参数（给出部分河道）

| 点位 | $H$ (m) | $v$ (m/s) | $Fr^2$ | $Re$ | $K_{20}$ |
|---|---|---|---|---|---|
| 齐门河 | 2.91 | 0.46 | 0.193 1 | 4 622 | 0.062 |
| 临顿河 | 3.04 | 0.42 | 0.091 8 | 3 233 | 0.045 |
| 干将河 | 3.15 | 0.35 | 0.033 0 | 1 893 | 0.023 |
| 学士河 | 2.85 | 0.32 | 0.007 4 | 882 | 0.034 |

通过对河网中各参数进行拟合，可得到的降解系数关系式如下：

$$K = 86\ 400\ \frac{v}{H}(Fr^2)^a Re^b + c \tag{4-40}$$

根据一阶反应动力学定义，基于河网原型试验数据，也可利用河网分段方法采用以下公式分别对河网中各河段水动力调控下的降解系数进行计算：

$$K = \frac{86\ 400(\ln c_1 - \ln c_2)}{L} \tag{4-41}$$

结合水动力条件可将上式变为：

$$K = 86.4\ \frac{u}{L_i}\ln\frac{c_1}{c_2} \tag{4-42}$$

式中，$c_1$ 为河段上断面水体污染物浓度（mg/L）；$c_2$ 为河段下断面水体污染物浓度（mg/L）；$L_i$ 为河网中各河段计算长度（km）；$u$ 为河段平均流速（m/s），而水动力调控下 $K$ 随流速和污染物浓度而变化。经过模型校核和验算后，可获得几种不同方法下的降解系数 $K$，如表 4.20 所示。

表 4.20　不同方法下的降解系数 $K$ 对比

| 污染物 | $v$/(m/s) | $K$（拟合） | $K$（温度矫正） | $K$（分段法） |
|---|---|---|---|---|
| $NH_3$-N（$T$=29.8） | 0.46 | 0.068 | 0.065 3 | 0.052 |
| COD（$T$=29.8） | | 0.042 | 0.039 | 0.046 |
| $NH_3$-N（$T$=30.5） | 0.39 | 0.054 | 0.052 | 0.058 |
| COD（$T$=30.5） | | 0.027 | 0.024 | 0.031 |
| $NH_3$-N（$T$=28.6） | 0.31 | 0.034 | 0.041 | 0.036 |
| COD（$T$=28.6） | | 0.023 | 0.021 | 0.018 |

由上述结果可知，在本研究的水动力调控现场试验条件下，河网水质提升规律基本契合污染物降解的一阶反应动力学方程理论，其中 $NH_3$-N 在流速越高的条件下，降解速率越快，良好地体现了水动力提升对污染物降解影响作用的贡献。

### 4.4.3 水动力调控下的河网动态水环境容量计算

**1. 水环境容量定义**

随着人们对水环境问题的不断重视，学者对水环境概念也在不断提出创新工作，而水环境容量的概念在实际研究中逐渐给出新的定义。较具有代表性的定义有：张永良[56] 提出的水环境容量是指水体环境在规定的环境目标下所能容纳的污染物数量，容量大小与水体特征、水质目标及污染物特性有关，同时还与污染物的排放方式及排放的时空分布有密切关系。杨志平等[57] 提出水环境容量是指在一定水文条件下，河流满足水环境质量标准允许的最大污染负荷或纳污能力。徐贵泉等[58] 定义水环境容量是指水体在规定的水环境目标下所能容纳的最大污染物量。它反映了污染物在环境中的迁移、转化和积存规律，也反映了水环境在满足特定功能条件下对污染物的承受能力，其容量大小与水体特征、水质目标及污染物特性有关。李如忠[59] 针对湖泊水环境容量研究后提出湖泊水环境容量是指在一定环境目标下，湖水所能承担外加的某种污染物的最大允许负荷量，它是一个与湖泊水文、水质和水力条件等密切相关的重要的水质管理参数。

董飞[60] 等对于环境容量的定义做出了新的分类：①环境容量是污染物容许排放总量与相应的环境标准浓度的比值；②环境容量是环境的自净同化能力；③环境容量是指不危害环境的最大允许纳污能力；环境容量是环境标准值与本底值确定的基本环境容量和自净同化能力确定的变动环境容量之和。

虽然诸多学者在水环境容量的定义上存在差异，但在进行水环境容量计算时，在基本点和实践性操作方面都能够基本达成共识，如图 4.36 所示，即水环境容量为稀释容量与自净容量之和。根据河网水环境容量制定合理的引水水量。在给定河网范围和环境水文条件、规定排污方式和水质目标的前提下和水动力调控特定条件下，单位时间内该水域最大允许纳污量，称作水环境容量。综上，在水动力调控下，河网水环境容量大小可表达为：

$$W = W_{稀释} + W_{降解} \tag{4-43}$$

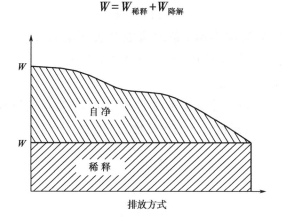

**图 4.36 水环境容量计算原理图**

水动力调控旨在降低河网水体污染上做出有限程度内最大的努力，而对于管理河网水体与满足目标水质标准，对城市河网污染物排放的控制也同样重要。为了改善河网水质，保护城市河网水安全，了解水动力调控下河网系统内污染物变化情况，对判定河网动态水环境容量大小是十分必要的。

由于在水动力调控下河网水体本身自净作用不可忽略，在无外界污染物入河的情况下，河网中污染物浓度会随距离而不断衰减，根据公式（4-43）可得相应的降解容量为：

$$W_i = \sum \eta (C_s - C_2)(Q + q) \tag{4-44}$$

式中，$W_i$ 为水环境降解容量（t）；$Q$ 为河网各河道本底流量（$m^3/s$）；$q$ 为河网各河道流量增量（$m^3/s$）；$C_s$ 为河网水质目标（mg/L）。

河网动态水环境容量是基于河网水动力条件和水质状况之间关系，实施河网水质标准的工具。水环境容量是指污染物在可以被排放进入水体而不超过区域水质标准的最大负载量，代表了水体自然吸收、削减污染物而不违反水质标准的能力。在水动力调控下，河网各区域水质的变化过程与水力过程密切相关，因断面差异，河网各河道流量、流速等水动力条件均有不同，且河网中不同位置的点源输入具有空间变化特性，导致水动力调控下的河网水环境容量在时间与空间上呈现动态变化，因而在动态水环境容量计算中，相关的各参数应均取动态数值。

根据公式（4-43），动态水环境容量计算时还需考虑入河污染物与河网水体的混合稀释作用，其混合浓度为：

$$C_s = (Q_i C_0 + q_j C_w)/(Q_i + q_j) \tag{4-45}$$

式中，$Q_i$ 为河网中各河道上边界来水流量（$m^3/s$）；$q_j$ 为河网各河道的污水排放量贡献值（$m^3/s$）。

在河网一维水动力-水质模型中，入河污染物符合对水质呈线性影响，在河网中顺水体流动方向满足迭加原理，假设在水动力调控下，随着流速的提升，污染物在河网各河道的下游断面处已充分混合稀释，则各河道节点的动态水质响应关系如下式所示：

$$C(j, t) = C_j + C_{j0} \tag{4-46}$$

式中，$C(j, t)$ 为河网中第 $j$ 条河流混合去下游断面在 $t$ 时刻的污染物浓度（mg/L）；$C_j$ 为第 $j$ 条河流混合区中入河污染物负荷产生的浓度（mg/L）；$C_{j0}$ 为第 $j$ 个河道混合区的背景浓度（mg/L）。

在计算中，考虑水动力调控试验条件下，入河污染物负荷排放稳定，在第 $k$ 个河道混合区承担上游第 $j$ 条河道混合区的污染物分担率如下所示：

$$\beta_{jk} = \frac{C_{jk}}{\rho_{jk}} \tag{4-47}$$

$$\gamma_{jk} = \frac{C_{jk}}{\sum_k C_{jk}} \tag{4-48}$$

式中，$\beta_{jk}$ 为河网第 $k$ 个混合区中向下游第 $j$ 个河道混合区的污染物贡献系数，$\rho_{jk}$ 为 $j$ 混合区下游第 $k$ 个混合区排放浓度为 $C_{jk}$ 时的下游浓度变化值（mg/L）；$\gamma_{jk}$ 为第 $j$ 个河道混合区对上游第 $k$ 个河道混合区的污染物分担率。

当河网整体下游混合区断面的水质目标浓度为 $C_s$ 时（苏州古城河网下游断面目标水质要求为Ⅳ类水），在水动力调控时间内河网的动态水环境容量 $W$ 如下式所示：

$$W = \sum_i \int \sum_j \sum_k \frac{\left| C_s - C_{j0} \right|}{\beta_{jk}} \gamma_{jk} Q_{jk} \Delta t \tag{4-49}$$

式中，$Q_{jk}$ 为第 $j$ 条河道混合区向第 $k$ 条河道混合区的流量（m³/s）；$\Delta t$ 为各河道污染物流经时间，与换水周期相关。

决定河网动态水环境容量的另一个关键因素是河网水体的污染物负载量，对河网负载量的分析对河网动态水环境容量是必需的。图 4.37 给出河网动态水环境容量核算流程，在前文所建河网数值模型的基础上，将外源负载输入模型，然后预测相应的水质条件，这个过程反复进行。如果预测出来的水质条件满足该类水体的水质标准，则动态水环境容量计算结束。将模拟结果与河网水质标准进行比较，如果当前水环境容量结果下水质情况违反水质标准，在水动力条件不变的情况下则需要降低外源污染物负载进行模拟，直到满足水质标准。

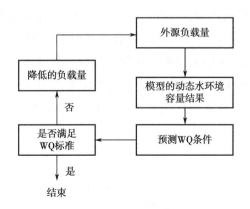

**图 4.37　基于河网数值模型确定河网动态水环境容量流程**

2. 苏州古城河网污染源贡献系数与动态水环境计算

动态水环境容量计算的水动力-水质数据基于 2017 年苏州夏季现场原型观测试验数据，已知苏州古城河网每年 COD 排放总量为 929t/a，NH₃-N 污染物排放总量为 618t/a，根据河网内河道单元分配，COD 总浓度为 175.85mg/L，NH₃-N 的总浓度为 53.75mg/L。依据第三章模型输入的面污染量估算系数，由模型估算可得苏州古城河网每年面污染量 COD219t/a，NH₃-N103 t/a。且在水动力调控下，河网各河道水动力条件不同，污染源对各断面的贡献系数也不同。各污染源的贡献系数如表 4.21 所示。

表 4.21 苏州古城河网污染源贡献系数示例

| 序号 | 河道名称 | 地点 | COD 贡献系数 | NH$_3$-N 贡献系数 |
|---|---|---|---|---|
| 1 | 齐门河 | 堵带桥 | 0.001 325 | 0.024 500 |
| 2 | 临顿河 | 醋坊桥 | 0.002 021 | 0.014 225 |
| 3 | 干将河 | 市鹤桥 | 0.004 086 | 0.036 753 |
| 4 | 平门河 | 平四桥 | 0.002 89 | 0.046 233 |
| 5 | 学士河 | 百花桥 | 0.003 154 | 0.062 279 |
| 6 | 道前河 | 饮马桥 | 0.010 122 | 0.015 269 |
| 7 | 北园河 | 军民桥 | 0.007 274 | 0.020 514 |
| 8 | 平江河 | 积庆桥 | 0.000 505 | 0.016 840 |
| 9 | 官太尉河 | 官太尉桥 | 0.001 782 | 0.059 282 |
| 10 | 南园河 | 银杏桥 | 0.003 551 | 0.117 615 |
| 11 | 苗家河 | 桂花新村 | 0.000 135 | 0.058 093 |
| 12 | 环城河 | 南园桥 | 0.000 300 | 0.024 366 |
| 13 | 环城河 | 齐门桥 | 0.001 436 | 0.011 040 |
| 14 | 环城河 | 姑胥桥 | 0.001 013 | 0.014 620 |

　　基于构建的苏州古城河网数值模型，以及通过现场监测数据校核确定的各污染物动态削减系数 $K$，在河网排污口分布和现场水动力调控的条件下，定量核算古城河网水环境容量动态变化。图 4.38 结果表明，在现场试验条件的水动力调控下，水环境容量与水动力呈现显著的正相关关系。为满足地表水Ⅳ类水质要求，苏州古城河网的动态水环境容量的每日 COD 负荷阈值区间为 1 358.37~2 496.54kg/d，NH$_3$-N 每日负荷区间为 260.12~372.63kg/d。

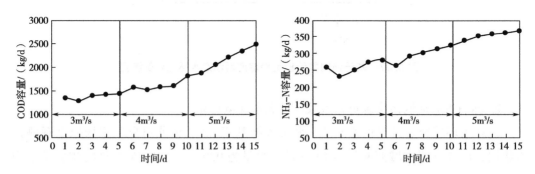

图 4.38 水动力调控试验期间的河网动态水环境容量

## 4.5 本章小结

　　本章在结合现场试验数据和河网数值模型的基础上，探讨水动力条件对河网水质改善的作用机制，分析水质指标与不同水动力因素的响应关系。主要研究工作和结论如下：

（1）通过原型监测数据的相关性分析，DO、$NH_3$-N 和 COD 受水动力作用改善显著，呈现一阶反应动力学特征，是水动力的敏感性指标。同时 COD 也是影响河网水体透明度的重要性指标。在 TSS 高的河道，COD 改善幅度尤为明显。河道断面 DO 的最大增幅为 26%，$NH_3$-N 和 COD 的削减量分别达到 16.5% 和 13.2%。但 $NH_3$-N 和 COD 变化趋势较 DO 略微滞后，表明在长时间的缓流状态下，河网水体的物理环境和化学环境存在稳态，而水动力提升打破了这种稳态，因而污染物的削减机制对水动力提升存在缓冲期。

（2）通过不同的机器学习方法对原型监测数据进行分析，结果显示在现场试验条件下，水动力对水质指标的影响权重大于温度，在水动力提升的条件下，机器学习模型很好地预测了河网水质走向，并得到合理的水质改善的流速区间和阈值，在综合满足当前苏州城市河网水质溶解氧和透明度的改善目标需求下，最佳的河网水体流速区间为 0.22~0.45m/s，其中透明度改善的流速最大阈值为 0.52m/s。

（3）利用稳态物质平衡方程，结合现场试验数据分析，验证水动力对河网污染物降解的促进作用。在河网各区域河段中，污染物的降解百分比在 10% 以上。结合一阶反应动力学方程理论，通过现场实验数据对降解系数与水动力学指标进行拟合量化，所得表达式可以用于计算城市河网原水体中的 $NH_3$-H 和 COD 降解系数，并通过河网数学模型进行验证。在考虑苏州河网点源污染量和面污染量估算的情况下，计算水动力调控下苏州古城河网的动态水环境容量，可为今后苏州城市河网的水资源管理和污染源的空间管控提供科学指导。

# 5 面向水质提升的水动力调控方案应用

上述研究表明河网水动力条件与水质存在显著的响应关系，河网水体流速、流量等水动力指标与水体溶解氧、氨氮、透明度等水质指标之间可以建立一定的解析关系，城市河网水环境治理的水动力学机理正逐渐清晰。本章基于古城区河网水动力-水质作用机制，针对城市河网不同区域的水质治理需求，研究提出面向水质提升的河网水动力调控总体思路与关键方案，旨在对平原城市河网水动力和水质要素进行精准量化和调控。本书选择苏州市古城区河网作为案例应用对象，提出水动力调控优化建议方案，以期为长三角地区的平原城市河网的水环境治理提供技术支撑。

## 5.1 平原城市河网水质提升总体思路

自2014年起，苏州市通过控源截污、节水减排、水系沟通等多种举措治理城市河网水环境，取得了一定成效，但古城区河网水质总体改善不明显，部分仍存在黑臭现象。古城河网内以干将河为界，河网南部区域的学士河、官太尉河、道前河、南园河等，不仅水体流动缺乏动力，水质、透明度等仍不尽理想，其中氨氮夏季平均值可高达20.8mg/L，透明度低于50cm，与百姓的期望值、老苏州人的水巷印象尚有差距。由于水体透明度低，河底光照差，较难满足水生植物生长光照需求，因而河道水生态恢复条件也不理想。

目前，古城河网依据行政区划和城市防洪规划，将整个古城河网区划分为干将河、干将河北、干将河南、北园、南园、石门6个水系，河网片区割裂；河网范围内共有114台泵站，各片区各自为政，实行独立定期定时换水，缺乏统筹，无法形成河网整体常态有序流动。如何实现改善河网水动力驱条件，实现城市河网水体持续自流、体现自然回归，是苏州古城河网水质提升计划的首要问题。

针对苏州市古城区河网的现状情况，围绕河网水质提升的迫切需求，基于水动力对水质作用机制基础上，确定平原城市河网水动力调控最优流速阈值的条件下，研究提出了面向水质提升的河网水动力调控方法总体思路（见图5.1），以确保调控方案能够顺利实施。

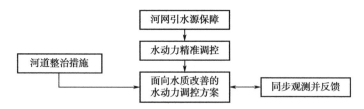

**图5.1 面向水质提升的河网水动力调控方法总体思路**

由第四章内容已知，城市河网水动力调控所需水量由河网系统内部生态蓄水量和河网各区域水质改善目标据决定，并可由河网动态水环境容量计算得出。但在原有河网水动力条件不足的情况下，在考虑水动力调控新增动力的同时还需兼顾河网水质提升需求。因此，需要确定合理可行的可调控水源及其位置、路径与数量，河网多源互补水源保障技术即保障河网水动力增益的来源。平原城市河网的凭借丰富的过境水资源，水源条件相对优越，但也存在不同情况的水源问题。提高清洁水源的保障率与供水能力是平原河网城市水动力调控的最基本要求。

因而，面向水质提升的水动力调控方案基于一项前提，即在充分了解区域地理、地势、水源等条件的基础上，综合分析，寻找最有利的水源条件，尽可能地提高城市河网水源保障能力。以苏州市古城区河网为例，尽管苏州市滨江临湖，水源条件优越，但望虞河–西塘河、元和塘水源保障率不高，胥江曾是苏州城市河网供水的主要通道，但随着工业的发展，胥江水质污染严重，已不具备改善苏州古城河网水环境的水质优势。随着太湖流域水势的历史变化，太湖水自胥江进入苏州古城的水势优势亦不复存在。因此需要开辟新的水源，多源供水。而数量丰沛、水质优良的长江水为苏州河网水动力调控的最有效水源，可途径望虞河、阳澄湖等调水工程而加以利用。苏州目前最有效的水源保障方法为通过西塘河与外塘河分别从望虞河和阳澄湖引水至古城区环城河，如图 5.2 所示形成"双源供水"的格局。西塘河引水能力约为 40m³/s，望虞河水量充足，水质良好，但望虞河受水权制约，单一西塘河无法为苏州古城区提供可靠的水源保障。外塘河沟通古城区河网环城河与阳澄湖，便利的地理位置、水量及水势条件为开辟古城河网新水源提供了优越条件。

**图 5.2　苏州古城河网双源互补示意图**

综上分析，在充分了解平原城市河网地理、地势、水质等条件的基础上，寻找最佳水质的水源和水动力条件，尽可能地提高河网水动力调控保障力，是实施面向水质提升的水动力调控方案的首要思路。由前文河网数值模型中设定的溶解氧改善情景显示，水动力调控并非是改善水质一劳永逸的方法。在实施面向水质提升的水动力调控方案时，结合其他有效方法，数管齐下，可在达到水质治理目标的同时，提高有限水资源的利用效率，达到事半功倍的效果。其中可利用的河道整治措施包括以下几类：

（1）河网清淤疏浚。

河网清淤疏浚其可以增强治理河道的过流能力，增大河道流速，是水动力调控方案中的一项有效辅助措施。在增大河道流速，提高河道行洪能力的同时，河网清淤疏浚也有清除河网底泥中污染物，降低内源污染物释放风险的效果，并有助于明确河网污染物削减和水质改善策略，且在国内外学者的研究中已有清晰体现。

（2）拓宽或束窄河道。

目前，许多城市河网因多年的淤积，河道断面逐年变窄，过流能力严重不足，导致整个城市的河网流动性受到影响，拓宽河道作为重要的河道整治措施，能够改变河道断面形态，使河道具备较好的通畅性，增加河道流量，提升流速。束窄河道断面则促使局部河段水位壅高，形成河道水位差，也起到调控河道流量、流速、流态的目的。其中，桥梁在平原河网地区既是历史文化的象征，也是重要的束窄河道工程，桥墩可以形成河道壅水，改变河网水流流量分配，也能达到一定程度的复氧效果。

（3）改变河道糙率。

河道糙率不仅是反映河道阻力的综合性系数，也是衡量河道能力损失大小的特征值。糙率以影响河道流速和输水能力的方式对水动力调控进行反馈，通过改变城市河网内的河道糙率，可以调节城区河网的分流配比，以实现水动力调控目标方案。

河网中常见的改变河道糙率的方法包括增加河道植被、改变河床和河道边壁材料等。其中，河网水生植物的种植不仅可以影响河道糙率，同时也能为河网生态系统健康提供重要作用。水生植物既能为生物提供栖息地和食物来源，影响河流营养物质的输移，还能抑制泥沙再悬浮，有效改善水质，同时岸边植物能防止水流侵蚀河岸，维持河床稳定。因此，利用天然植被护岸固床、净化水质、改善河道生态环境已成为城市河网生态修复的重要措施。

在水源保障的基础上，通过合理布设控导工程，同时进行联合调控，对水位、流量、流速等水动力指标进行精准控制，是面向水质提升的平原城市河网水动力调控方法的重要组成部分。长三角平原城市河网往往水动力条件差、水环境容量不足。虽然广泛分布众多水利闸控工程，也存在换水方案不合理、泵引驱动引水弊端多等问题。在保障水源的同时，以城市河网水动力-水质作用机制为指导，通过工程措施精准控制城区河网水位-流量，增大城区河道的流动性，满足河网水质改善的流速阈值区间，可有效改善河网水环境质量。

在此思路上，针对以上河网水动力调控存在的问题，本书提出活动溢流堰和子母闸门调控等方法精准控制城区河网水位-流量，营造水位差，增大城区河道的流动性，有效改善河网水质。

活动溢流堰结构由薄壁堰和宽顶堰上下组合，堰体上部绕底轴工作的新型水工建筑物，其在河道中可以控制束水高度，当活动溢流堰全部卧倒打开时，溢流堰属于宽顶堰，流量计算公式采用无坎宽顶堰的计算公式。当溢流堰关起时，工作方式则属于薄壁堰，流量计算公式采用薄壁堰的计算公式。活动溢流堰既可以抬高水位增加城区水位差，同时又不阻碍游船通航，运行过程中，白天时段为满足满足游船通航的要求，活动溢流堰可调节成卧倒状态，夜晚时段活动溢流堰闸门是关闭的，实现整个平原河网水流的有序流动。活动溢流堰具体结构布置见图5.3。

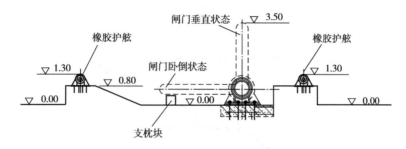

**图5.3　活动溢流堰结构剖面图**

活动溢流堰不同运行模式下过流能力计算公式如下，其工作模式见图5.4。

$$Q_{gate} = C_{gt} b \sqrt{g} \varphi (y_1 - y_0)^{1.5} f_{gate} \tag{5-1}$$

当 $\dfrac{y_2 - y_0}{y_1 - y_0} > m$ 时，

$$f_{gate} = \frac{1 - \dfrac{y_2 - y_0}{y_1 - y_0}}{1 - m} \tag{5-2}$$

当 $\dfrac{y_2 - y_0}{y_1 - y_0} \leqslant m$ 时，

$$f_{gate} = 1 \tag{5-3}$$

当 $\theta \geqslant 30$ 时，

$$\varphi = 0.711(1 - \phi) + 0.58\phi(1 + 0.13 h_p)$$

$$\phi = \frac{\theta - 30}{60}; \quad \theta = 57.3 \sin^{-1} \frac{y_0 - z_c}{h_{gate}}; \quad h_p = \frac{y_1 - y_0}{y_0 - z_c} \tag{5-4}$$

当 $\theta < 30$ 时，

$$\varphi = 0.711 \tag{5-5}$$

为配合本书的苏州古城水动力现场实验方案，在古城东西环城河的五龙桥与娄门桥桥下分别设置两座配水活动溢流堰（尺寸：长500.0m、宽15.0m、高1.7m），形成活动溢流堰结合老桥改造配水工程型式，如图5.4所示，活动溢流堰活动溢流堰底平台高程1.5m，活动溢流堰竖直挡水时堰顶高程3.2m。通过溢流堰进行水位的精准调控来实现合理配水，按照需水量分配各片水量、形成环城河南北水头差、实现古城区持续自流以及增加配水工程全开时的入城水量，提高干将河向西的分流比，加强改善古城南片的水质，并通过大比尺物理模型实验，对活动溢流堰（娄门堰）上下游流态与流速等进行详细的分析，为活水方案的实现进行了可靠性分析与论证。娄门堰模型模拟了活动溢流堰上游 250.00m、下游 120.00m 的距离，原型长共计 370.00m 的河道，娄门堰室内模型见图 5.5。试验结果显示，当娄门堰全部卧倒打开时，河道上下游形成的水位差为 2~3cm，与数值模拟计算相吻合，且最高可形成更高要求的 10~15cm 水位差。

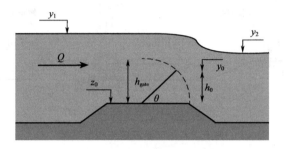

图 5.4　活动溢流堰工作模式图

图 5.5　娄门堰室内物理模型现场

在河网水位-流量精准控制的基础上，可结合互联网、云计算、数学模型和大数据分析等方法，充分利用于面向水质的河网水动力调控方案中。平原城市河网地区由于地势平坦且河道众多，河网中河道之间自身水位差较小，当存在较小水头差时可改变河道的流向，因此对于平原河网地区数值模型的模拟精度有较高的要求。如河网中存在的大量桥梁、管涵等束窄了过水断面，大量的雨水污水排放口影响着河道的水质以及外围的水位流量边界难以给出，致使平原河网地区数值模拟精度不够。因而，可以依托平原城市河网水动力-水质作用机制，建设平原城市河网水文、水位和水质等实时监测的数据采集系统，以及泵站自动监测系统，开发实时监控管理子系统、在线预报预警子系统、调度模型管理子系统，通过同步监测水质数据对水动力调控方案中可能突发的水质状况进行实时反馈，并能够对调控方案即时的动态修正。从而合理地控制水动力调控响应时间，实现河网水质改善，可为提升平原城市河网水动力调控决策能力，和完善水利信息化建设作出努力。

## 5.2　苏州市古城区河网现状分析

1. 河网内部情况

目前，古城河网依据行政区划和城市防洪规划，将整个古城河网区划分为干将河、干将河北、干将河南、北园、南园、石门 6 个水系，河网片区割裂；河网范围内共有 114 台泵站，各片区各自为政，实行独立定期定时换水，缺乏统筹，无法形成河网整体常态有序流动。如何实现改善河网水动力驱条件，实现城市河网水体持续自流、体现自然回归，是苏州古城河网水质提升计划的首要问题。

2. 周边水系情况

苏州自产水资源总量不足，但毗邻长江与太湖，过境水量十分丰富。苏州河网及周边水系同属于典型平原河网型地区，河道比降小，水体流动性差，其中最大周边水系为苏州东北方向的阳澄淀水系。近年来苏州政府以阳澄淀为中心，规划通过加强河湖沟通，构建通江达湖、河网相通的河湖水系布局，提高河湖调蓄能力。依托常浒河、白茆塘、七浦塘、杨林塘、浏河五大连通长江的骨干河道，进一步扩大苏州城市河网引排能力，其中长江进水口门引水水质以Ⅱ类和Ⅲ类水居多，太湖水体常年多为Ⅲ类和Ⅳ类水。

3. 已有工程情况

苏州主城区已基本建成防洪除涝工程体系，但尚未形成完善的以改善水环境为目标的调度体系。全市重视防洪除涝格局基本形成，建立了沿长江、环太湖、望虞河东岸、太浦河北岸及淀山湖大堤等主要防洪屏障。同时，通过加强区域性骨干河道治理及内部河网整治、联圩并圩等工程建设，使全市防洪除涝减灾能力大幅提高。苏州城市中心区主要控制节点防洪标准达到 200 年一遇，河道排涝标准达到 20 年一遇。苏州中心城区闸泵工程数量众多，包括了大龙港枢纽、东风新泵站枢纽等 10 大防洪工程，整体引排能力达 260m³/s，完善的苏州大包围防洪工程为古城区河网水动力调控提供了可靠的工程保障。

综上，丰富优质的过境水量及完备的工程体系，为苏州古城河网水动力调控提供了充沛的水源和优越的工程条件，并在此基础上科学调度水资源，合理分配水量，以满足针对水环境提升的古城河网水动力调控需求。

## 5.3　针对水质改善的水动力调控方案应用

在平原城市河网水动力调控方案的实施中，受汛期、来水水质等其他未知因素影响，持续调控的时间在实施前无法确定，短则 10~15 天，长则达数月。当水动力调控时间过长时，城市河网的水质受上游来水水质影响较大，若上游来水水质受影响，反而会限制河网水体的自净作用。因此平原城市河网水动力调控不需要过长的水流引调时间，而是需要在有限的水动力调控时间内，最大效率地提升河网水动力，根据河网水质提升需求合理分配河网水量，科学调度，统筹兼顾防洪、水资源和水环境等方面的效益，以期达到经济且行之有效。

由前文分析可知，苏州古城河网各区域有不同的水质提升需求，如位于商业区的临顿河 COD 和浊度偏高，位于风景区的东江河–平江河段则为了再现小桥流水人家，对流速和透明度有更高的要求，而下游河段如干将河、学士河、道前河等水流滞缓的问题亟需解决。由第四章可知，在水动力调控实施后，打破由原有长时间缓流条件形成的水质稳态需要 2 天左右的时间。尽管通过机器学习分析得到苏州古城河网面向溶解氧和透明度改善的最适宜流速区间分别为 0.18~0.45m/s 和 0.22~0.52m/s，但这个流速上限阈值对于平原城市河网来说过于"奢侈"。因而在实际情况中，应考虑溶解氧为优先改善目标，通过合理分配水资源，并结合相关有效措施手段，力求将河网内所有河段流速均达到下限值 0.18m/s。以此为指导，结合水动力调控关键方法，基于苏州城市河网数学模型来设置水动力调控方案。

### 5.3.1 调控情景设置

由苏州河网数值模型验证结果可知，河网引入的水量与实际河网槽蓄量约为 3 倍的关系。由于河网明渠水流流速分布呈现表层水流动快、底层水流动慢的特征，当引入的清水水量为 $W$ 时，下游河道长度 $L$，河道槽蓄量为 $W_0$，实际清水演进的距离仅仅为 1/3L。在无强降雨或其他突发污染情况下，城市河网水体可通过水动力调控 3~5 天置换一遍，以保证河网流域的目标水质。如需两天换一次水（$t \approx 2d$），总流量日常维持约 $Q=30~40m^3/s$。通过现场水动力调控试验数据可知，冬季河网水质较高于夏季水质，因而方案应用考虑以 2017 年夏季水动力调控原型观测试验前的古城河网背景水质为基准，考虑水动力调控方案应用。

表 5.1 给出了 3 种不同的古城河网引水情景。在夏季条件下，本节设置了四种不同类型的调控方式，如表 5.2 所示。其中，方式一为不采用任何调控措施的计算方案且区域内闸门开启、泵站关闭，即自然状态下的流动性模拟；方式二为采用活动溢流堰调控方法和水利工程综合调控，考虑苏州古城区位于平原河网区地势平坦，为使更多的清水进入古城，增加古城区内部河道的流动性，选择在外围河道环城河两侧增加两座活动溢流堰返版本，即娄门翻板门和阊门翻板门（具体位置见图 5.6），以此抬高上游水位，人工营造古城区南北水位差，形成古城水体自流的格局，具体调控方式选择苏州古城河网现状调度方案，由于苏州市各个时段的调度方案不完全相同，本节选择苏州古城区 2017 年 5 月的实际调度方案作为典型现状调度方案；方式三为翻板门和水利工程综合调控，平门河、齐门河和北园河为古城区主要的进口河道，其水质的优劣

将对下游河道造成影响，因此通过计算方案设置闸门过流大小以避免对底泥造成扰动，保证下游河道水环境；方式四采用翻板门、水利工程和河道整治工程的联合调控，本调控方式主要考虑在现状工程条件下，部分河道仍不能满足本文提出的水动力优化调控流速区间目标时，选择配合采用河道拓宽、清淤、束窄、增加糙率等河道整治工程联合调控。上述四种调控方式均开展前文所述的三种不同引水流量的情景计算。

根据第三章模型计算上边界采用流量过程，控制节点为齐门河与平门河，根据表5.3三种情景设置不同入流条件，下边界界控制觅渡桥站水位为常水位2.90m，控制节点为盘门内城河点位。

表5.1 引水方案设计表

| 编号 | 引水流量/(m³/s) | | |
|---|---|---|---|
| | 总流量 | 西塘河 | 外塘河 |
| 方案1 | 20 | 10 | 10 |
| 方案2 | 30 | 20 | 10 |
| 方案3 | 40 | 25 | 15 |

表5.2 工程调控情景表

| 编号 | 调控方式描述 |
|---|---|
| 情景方式一 | 无调控，闸门开，泵站关 |
| 情景方式二 | 翻板门+水利工程调控（苏州现状常规调控方案） |
| 情景方式三 | 翻板门+水利工程调控计算方案 |
| 情景方式四 | 翻板门+水利工程调控计算方案+河道整治调控 |

图5.6 苏州古城河网引水水源及工程示意图

古城河网内部闸门、泵站和翻板门工程按表 5.2 中的四种调控情景方式设置，其中，情景方式一为古城内部闸门全开、泵站全关；情景方式二按 2018 年 4 月的实际调度；情景方式三采用翻板门和内部工程的调度方案，根据模型中流速计算结果尽可能满足古城河网水质改善的最佳流速区间下限 0.18m/s 试算优选；情景方式四与方式三类似，采用翻板门、内部工程以及河道整治工程的具体方案，根据流速计算结果尽可能满足 0.18m/s 试算优选。详细的工程调度方案如表 5.3 所示。

表 5.3 工程调度方案表

| 序号 | 工程名称 | 情景一 | 情景二 | 情景三 | 情景四 |
|---|---|---|---|---|---|
| 1 | 平四闸 | 闸门全开 | 闸门开，控制闸下水位不超过 3.2m | 模型调试流量优选 | 模型调试流量优选 |
| 2 | 齐门闸 | 闸门全开 | 闸门开，控制闸下水位不超过 3.2m | 模型调试流量优选 | 模型调试流量优选 |
| 3 | 北园泵站 | 关 | 母闸门开，控制闸下水位不超过 3.0m | 关 | 关 |
| 4 | 北园闸 | 母闸门全开 | 闸门全开 | 模型调试流量优选 | 模型调试流量优选 |
| 5 | 混堂弄闸 | 全开 | 全开 | 全开 | 全开 |
| 6 | 金平闸 | 全开 | 全开 | 全开 | 全开 |
| 7 | 河沿闸 | 全开 | 全开 | 全开 | 全开 |
| 8 | 娄门泵闸 | 泵关，闸开 | 泵关，闸半开 | 泵关，闸开 | 泵关，闸开 |
| 9 | 闾门泵闸 | 泵关，闸开 | 泵关，闸半开 | 泵关，闸开 | 泵关，闸开 |
| 10 | 东园泵闸 | 泵关，闸开 | 泵关，闸半开 | 泵关，闸开 | 泵关，闸开 |
| 11 | 升平闸 | 全开 | 全开 | 全开 | 全开 |
| 12 | 顾家桥闸 | 全开 | 全开 | 全开 | 全开 |
| 13 | 苑桥闸 | 全开 | 全开 | 全开 | 全开 |
| 14 | 相门泵闸 | 泵开，闸开 | 泵关，闸半开 | 泵开，闸开 | 泵开，闸开 |
| 15 | 官太尉闸 | 全开 | 半开 | 全开 | 全开 |
| 16 | 学士街泵站 | 关 | 关 | 关 | 关 |
| 17 | 渡子闸 | 全开 | 半开 | 全开 | 全开 |
| 18 | 葑门泵闸 | 泵关，闸开 | 泵关，闸开 | 泵关，闸开 | 泵关，闸开 |

**续表5.3**

| 序号 | 工程名称 | 情景一 | 情景二 | 情景三 | 情景四 |
|---|---|---|---|---|---|
| 19 | 南园泵 | 关 | 关 | 开 8m³/s | 开 8m³/s |
| 20 | 杨家闸 | 全开 | 全开 | 全开 | 全开 |
| 21 | 二郎闸 | 全开 | 关 | 全开 | 全开 |
| 22 | 庙浜套闸 | 全开 | 半开 | 全开 | 全开 |
| 23 | 薛家闸 | 全开 | 半开 | 全开 | 全开 |
| 24 | 竹辉闸 | 全开 | 全开 | 全开 | 全开 |
| 25 | 邱家村泵站 | 关 | 开 5.5m³/s | 关 | 关 |
| 26 | 幸福村泵站 | 关 | 开 6m³/s | 开 2m³/s | 开 2m³/s |
| 27 | 娄门堰 | 不启用 | 开，控制闸下水位不超过 3.2m | 模型调试流量优选 | 模型调试流量优选 |
| 28 | 阊门堰 | 不启用 | 开，控制闸下水位不超过 3.2m | 模型调试流量优选 | 模型调试流量优选 |

### 5.3.2　方案结果及分析

本书构建的苏州古城区河网数学模型，按上述控制边界和调度方案模拟计算，四种调控方式在三种引水情景条件下古城内部河道的流速分布如图5.7和图5.8所示。

（1）方案一模拟结果分析。

图5.7（a）、（e）和图5.8（a）为无工程调控（情景一）的模拟结果。在自然状态下，西塘河和外塘河引水水流大部分从环城河流走，引水方案一中 20m³/s 引水入城，进入古城的水量仅为 2.49m³/s，引水方案二和引水方案三虽增大了引水流量，但入古城区的流量也只有 3.57m³/s 和 4.76m³/s，且三种引水方案条件下，古城区除外围环城河外，内部大部分河道的流速均在 0.14m/s 以下，东南部南园片区的羊竹辉河、薛家河和苗家河等河道几乎滞流。

（2）方案二模拟结果分析。

图5.7（b）、（f）和图5.8（b）为现状工程调度，即翻板门调控技术及水利工程联合调控方式下的河道流速分布（情景二）。图中可以看出，采用翻板门调控后，西塘河和外塘河引水能够进入古城，20~40m³/s 引水进入古城区的总流量分别为 7.46m³/s、9.23m³/s 和 11.21m³/s，且古城区内东北街河、西北街河、平江河、临顿河等部分河段的流速提升至调控目标范围内，但平门小河、中市河、平江河、临顿河、学士河等多条河道的流速过高，易致底泥悬浮带入下游，影响河道水质，且古城区南部道前河、十全河、羊竹河、南园河、薛家河和苗家河仍几乎滞流，不能起到水质提升的效果。由此可见，现状工程调度下，古城区的河网水动力仍需进一步优化调控。

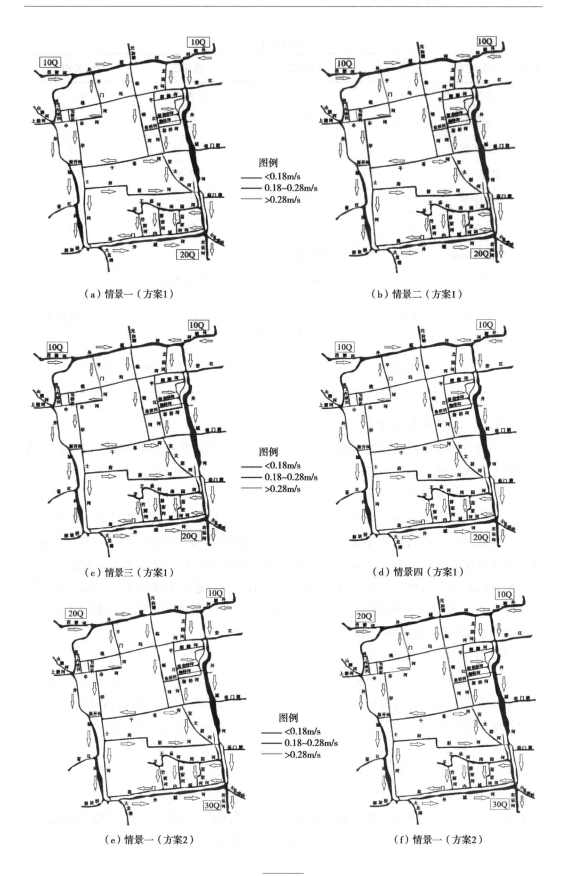

（a）情景一（方案1）　　　　　　　　　　　　（b）情景二（方案1）

（c）情景三（方案1）　　　　　　　　　　　　（d）情景四（方案1）

（e）情景一（方案2）　　　　　　　　　　　　（f）情景一（方案2）

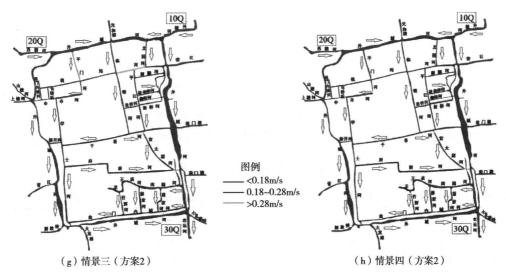

(g) 情景三（方案2）                 (h) 情景四（方案2）

**图5.7 引水方案方案1、方案2条件下古城河网流速分布**

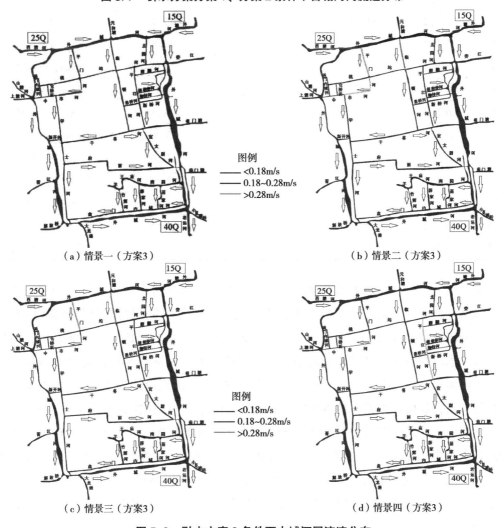

(a) 情景一（方案3）                (b) 情景二（方案3）

(c) 情景三（方案3）                (d) 情景四（方案3）

**图5.8 引水方案3条件下古城河网流速分布**

（3）方案三模拟结果分析。

在西塘河、外塘河引水 20m³/s、30m³/s、40m³/s 三种方案下，为尽可能控制苏州古城区内部所有河道的流速均为 0.18~0.28m/s，首先选择利用闸门泵站、翻板门以及三座子母闸门等现有的水利工程进行调控，经数学模型调试，优选方式三的工程调度，平四、齐门和北园三座闸门控制流量，翻板门开口高度根据计算的水位差和流量，根据前文试验而得。翻板门以及三座闸门开度计算结果如表 5.4 所示。

表 5.4　不同工况下闸门开启方案

| 序号 | 引水方案 | 工程名称 | 上下游水位差/cm | 过流流量/(m³/s) | 闸门开度/° |
|---|---|---|---|---|---|
| 1 | 方案1 | 娄门堰 | 9 | 4.03 | 45 |
| 2 | 方案2 | | 12 | 6.89 | 45 |
| 3 | 方案3 | | 11 | 13.04 | 35 |
| 4 | 方案1 | 阊门堰 | 8 | 11.79 | 35 |
| 5 | 方案2 | | 11 | 17.70 | 30 |
| 6 | 方案3 | | 11 | 20.87 | 27 |
| 7 | 方案1 | 平四闸 | 7 | 1.98 | 宽6m，开35% |
| 8 | 方案2 | | 10 | 2.42 | 宽6m，开40% |
| 9 | 方案3 | | 9 | 4.29 | 宽6m，开40% |
| 10 | 方案1 | 齐门闸 | 7 | 5.66 | 宽6m，开80% |
| 11 | 方案2 | | 10 | 5.69 | 宽6m，开100% |
| 12 | 方案3 | | 8 | 2.62 | 宽6m，开100% |
| 13 | 方案1 | 北园闸 | 8 | 4.00 | 宽6m，开50% |
| 14 | 方案2 | | 11 | 4.95 | 宽6m，开70% |
| 15 | 方案3 | | 10 | — | 宽6m，开90% |

基于以上方案计算结果的基础上，在平门河为古城区进口的前提下，为保证充足的入城水量，该河道的流量不宜减小过多，而且为了尽可能保持较好的水体透明度，该河道的流速也不宜过高。因此，选用河底种植人工水草的措施增大河床糙率，河底种植人工水草的措施既可以减小河道流速，又能够稳固河床减小底泥悬浮的风险，有利于下游河道水质改善。平门河河道宽度为 5~8m，入流流量约为 3m³/s，根据前文糙率反演结果，经反演推算，最终确定平门河糙率由原来的 0.028 6 增大至 0.044。平门河经调整后，该河道在三种引水情景条件下的流速均降至 0.12~0.26m/s，而进入古城的流量分别为 8.89m³/s、12.08m³/s、13.05m³/s。另外，根据模型计算结果，为增加干将河和官太尉河的流量，在对干将河清淤 0.3m 的同时将临顿河清淤 0.1m 并拓宽5m，增加上游入流流量，调整后，三种引水情景下，干将河的流速增加至 0.24m/s；道前河、十全河采用清淤 0.3m 并拓宽 5m 的措施可以调节其流速达到 0.18~0.22m/s；

另外，薛家河和苗家河两条河道也可以通过清淤 0.3m 并拓宽 3m 的方法，实现其流速的增大。苏州古城河网河道整治整体工程布局见图 5.9。

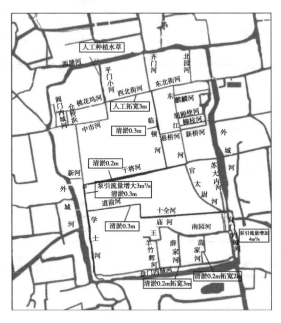

**图 5.9　苏州古城河网河道整治整体工程布局示意图**

### 5.3.3　方案效果评价

为评价上述四种方式的水动力调控下的河网水质保障效果，根据苏州古城河网水动力-水质耦合模型计算结果，选择河段平均水质达标率和河道达标所需的时间两个参数作为评价指标。其中，河段平均水质达标率是指苏州古城区内部河道平均流速达到水质目标Ⅳ类的河段占比，计算公式如下：

$$\eta = \frac{l_i}{l_s} \times 100\% \tag{5-6}$$

式中，$\eta$ 表示古城河网内河段目标水质达标率（%）；$l_i$ 表示古城河网内河段水质达到Ⅳ类水的河段总长，$l_s$ 表示古城河网内所有河段的总长（m）。

选取苏州古城河网污染较为严重的临顿河、干将河、学士河和道前河 4 个断面分析各设计水动力调控方案下的水质改善效果，各方案下的 DO 断面结果如图 5.10 所示。各段面在水动力调控的 5 天时间内 DO 均有显著改善并且在 5 天后四条重点治理河道均达到目标水质需求，在水动力调控初期增长迅速，而增长速率拐点基本出现在第三、四天左右。表明随着调控时间增加，河网中各河道逐渐受到上游来水的水质影响，改善幅度逐渐趋于河网水质的改善阈值。在方案 1 和方案 2 中，学士河和道前河则难以长期达到苏州河网目标水质要求，相比之下道前河的水质响应时间最晚，在满足方案 4 的情况下，另配套一些水质综合改善方法加以辅助，并对水量水质调控方案进行即时反馈，可达到更好的水质改善和保障效果。

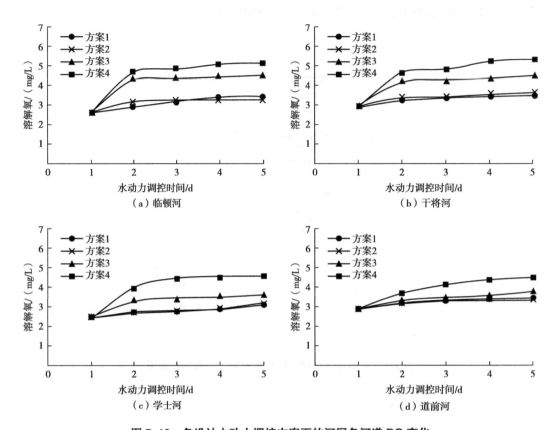

图 5.10　各设计水动力调控方案下的河网各河道 DO 变化

按现有的苏州古城河网水质状况，在三种引水情景、四种调控方式条件下，入古城区内部的水质达标率计算结果如表 5.5 所示。调控方式一中三种情景的水质达标率仅为 39.76% ~ 49.61%，而方式二的水质达标率稍有提升，方式三中苏州古城区内河段流速达标率提升至 57.91% ~ 70.88%，但方式四大部分河道的水质满足要求，达标率 $\eta$ 分别达到 87.58%、90.33% 和 98.82%。且河网透明度可以达到 58cm，满足当前苏州市政府对河网水质的指标要求。水环境容量提升 COD 为 211.93$t$/a，波动范围为 138.55 ~ 427.49$t$/a，NH$_3$-N 为 94$t$/a，波动范围为 37.3 ~ 98.02$t$/a。

表 5.5　不同计算工况下古城河网入流流量及水质达标率统计

| 序号 | 计算工况 | 入古城流量 $Q$/（m$^3$/s） | 水质达标率 $\eta$/% |
|---|---|---|---|
| 1 | 情景一、方案 1 | 2.49 | 39.76 |
| 2 | 情景一、方案 2 | 3.57 | 42.83 |
| 3 | 情景一、方案 3 | 4.76 | 49.61 |
| 4 | 情景二、方案 1 | 7.46 | 41.80 |

续表5.5

| 序号 | 计算工况 | 入古城流量 $Q$/(m³/s) | 水质达标率 $\eta$/% |
|------|----------|----------------------|---------------------|
| 5 | 情景二、方案2 | 9.23 | 52.61 |
| 6 | 情景二、方案3 | 11.21 | 51.54 |
| 7 | 情景三、方案1 | 11.63 | 57.91 |
| 8 | 情景三、方案2 | 13.69 | 64.53 |
| 9 | 情景三、方案3 | 15.38 | 70.88 |
| 10 | 情景四、方案1 | 8.89 | 87.63 |
| 11 | 情景四、方案2 | 12.08 | 90.33 |
| 12 | 情景四、方案3 | 13.05 | 98.95 |

由表5.5内容可知，对比方案4与方案1、2、3，水动力调控与河道综合整治的水质保障效果优于单一的水动力调控，也再次表明了平原城市河网的水质保障，应当将水动力调控手段与其他有效方法结合运用。

## 5.4  本章小结

本章研究内容提出了平原城市河网水质保障关键方案，选取苏州市古城河网进行案例应用，并通过实测资料建立的古城区河网精细模型，进行水动力调控水质改善方案对比选择，验证水动力调控关键方案的可行性并优化了苏州古城区水动力调控改善水质可行性方案。主要结论如下：

（1）提出了面向水质提升的平原城市河网水动力调控方法思路。该调控思路分四步走：水源保障、河道整治、水动力精准调控和同步观测并反馈。针对平原城市河网水动力差、水环境容量不足、泵引动力耗费高，提出了活动溢流堰及其过流能力确定方法，达到人工重构河网水位差、精准调控河道分流比，提高城区河道流动性，有效改善河网水环境质量。

（2）通过苏州古城河网水动力-水质耦合精细化模型，利用模型模拟设计计算三种不同引水情景、四种调控方式下的河道流速分布。结果表明，西塘河、外塘河引水20m³/s、30m³/s 和 40m³/s 入城，若无工程调控，苏州古城区内河网流速达标率为39.76%~49.61%；现状工程调控条件下，古城区内河网流速达标率为41.80%~52.61%；采用娄门堰、阊门堰（翻板闸门）、平四、齐门和北园三座闸门以及其他水利工程优化调控后，古城区河段流速达标率分别为57.91%、64.53%和70.88%；若通过翻板闸门、其他水利工程以及增阻减阻的河道整治措施联合调控，苏州古城区内部河道流速达标率提升至87.63%、90.33%和98.95%。在比选不同引水方案的水动力与水质改善效果同时，优化了引水可行性方案。

（3）利用模型综合分析所有设计成果，采用娄门、阊门两座翻板门、平四、齐门和北园三座闸门、其他现有水利工程调度以及增阻减阻的河道整治技术方法联合调控方式可以较好地保证河网水流流动性满足水质目标要求。与现状调度方案相比，苏州古城区内河道流速更加均衡，大部分河道流速均保持在 0.18~0.30m/s，满足苏州古城河网水质改善的流速区间，且当上游来水水质为Ⅲ类时，大部分河道可改善至Ⅳ类水水平。其中，主要治理河道均达到水质目标要求，更高效地利用了水资源合理分配流量，也为更有效地为苏州古城区河网水质提供保障。

# 参 考 文 献

［1］ Metcalf E I. Storm Water Management Model, Volume 1: Final Report ［M］. Washington, D. C.: Environmental Protection Agency, 1971.

［2］ Alley W M. Estimation of impervious-area washoff parameters ［J］. Water Resources Research, 1981, 17 (4): 1161-1166.

［3］ Haster T W, James W P. Predicting sediment yield in storm water runoff from urban areas ［J］. Journal of Water Resources Planning and Management, 1994, 120 (5): 630-650.

［4］ Millar R G. Analytical determination of pollutant wash-off parameters ［J］. Journal of Environmental Engineering, 1999, 125 (10): 989-992.

［5］ Alley W M, Smith P E. Estimation of accumulation parameters for urban runoff quality modeling ［J］. Water Resources Research, 1981, 17 (6): 1657-1664.

［6］ Sartor J D, Boyd G B, Agardy F J. Water pollution aspects of street surface contaminants ［J］. Journal (Water Pollution Control Federation), 1974, 46 (3): 458-467.

［7］ Egodawatta P, Thomas E, Goonetilleke A. Understanding the physical processes of pollutant build-up and wash-off on roof surfaces ［J］. Science of the Total Environment, 2009, 407 (6): 1834-1841.

［8］ Taylor G D, Fletcher T D, Wong T H F, et al. Nitrogen composition in urban runoff-implications for stormwater management ［J］. Water Research, 2005, 39 (10): 1982-1989.

［9］ Alias N, Liu A, Egodawatta P, et al. Sectional analysis of the pollutant wash-off process based on runoff hydrograph ［J］. Journal of Environmental Management, 2014, 134: 63-69.

［10］ Streeter H W, Phelps E B. A study of the pollution and natural purification of the Illinois River ［J］. Health Bulletin Department of Health Education and Welfare, 1925, 146 (3): 1436-1439.

［11］ Machiwa J F. Distribution and remineralization of organic carbon in sediments of a mangrove stand partly contaminated with sewage waste ［J］. Ambio A Journal of the Human Environment, 1998, 27 (8): 740-744.

［12］ Hyfield E C G, Day J W, Cable J E, et al. The impacts of re-introducing Mississippi River water on the hydrologic budget and nutrient inputs of a deltaic estuary ［J］. Ecological Engineering, 2008, 32 (4): 347-359.

[13] 肖化云, 刘丛强, 李思亮, 等. 强水动力湖泊夏季分层期氮的生物地球化学循环初步研究: 以贵州红枫湖南湖为例 [J]. 地球化学, 2002, 31 (6): 571-576.

[14] Tsutsumi H, Takamatsu A, Nagata S, et al. Implications of changes in the benthic environment and decline of macro-benthic communities in the inner part of Ariake Bay in relation to seasonal hypoxia [J]. Plankton and Benthos Research, 2015, 10 (8): 187-201.

[15] Harris J M, Kennedy S. Carrying capacity in agriculture: global and regional issues [J]. Ecological Economics, 1999, 29 (3): 443-461.

[16] Atkinson C A, Jolley D F, Simpon S L. Effect of overlying water pH, dissolved oxygen, salinity and sediment disturbances on metal release and sequestration from metal contaminated marine sediments [J]. Chemosphere, 2007, 69 (9): 1428-1437.

[17] Kalnejais L H, Martin W R. Role of sediment resuspension in the remobilization of particulate-phase metals from coastal sediments [J]. Environmental Science and Technology, 2007, 41 (7): 2282-2288.

[18] Meuios N K, Moe S J, Laspidou C. Using bayesian hierarchical modelling to capture cyanobacteria dynamics in Northern European lakes [J]. Water Research, 2020, 186: 116356.

[19] Leiser R, Jongsma R, Bakenhus I, et al. Interaction of cyanobacteria with calcium facilitates the sedimentation of microplastics in a eutrophic reservoir [J]. Water Research, 2020, 189: 116582.

[20] Rousso B Z, Bertone E, Stewart R, et al. A systematic literature review of forecasting and predictive models for cyanobacteria blooms in freshwater lakes [J]. Water Research, 2020, 182: 115959.

[21] 黄鹏, 田腾飞, 张文安, 等. 水动力条件对水体中藻类生长的抑制作用 [J]. 环境工程, 2018, 36 (12): 64-69.

[22] 吴晓辉, 李其军. 水动力条件对藻类影响的研究进展 [J]. 生态环境学报, 2010, 19 (7): 1732-1738.

[23] 杨倩倩, 吴时强, 吴修锋, 等. 引水对梅梁湾水质及浮游藻类影响的模拟研究 [J]. 水生态学杂志, 2015, 36 (4): 42-48.

[24] 王沛芳, 胡燕, 王超, 等. 动水条件下重金属在沉积物-水之间的迁移规律 [J]. 土木建筑与环境工程, 2012, 34 (3): 151-158.

[25] Kun Z, Zhong P D, Wang B C, et al. Total phosphorus release from bottom sediments in flowing water [J]. Journal of Hydrodynamics Ser B, 2012, 24 (4): 589-594.

[26] 朱广伟, 金颖薇, 任杰, 等. 太湖流域水库型水源地硅藻水华发生特征及对

策分析 [J]. 湖泊科学, 2016, 28 (1): 9-21.

[27] Fan J Y, Wang D Z, Zhang K. Experimental study on a dynamic contaminant release into overlying water-body across sediment-water interface [J]. Journal of Hydrodynamics Ser B, 2010, 22 (5): 354-357.

[28] Ghosal S, Rogers M, Wray A. The turbulent life of phytoplankton [J]. Center for Turbulence Research Proceedings of the Summer Program, 2000: 31-45.

[29] Panda U S, Mahanty M M, Rao V R, et al. Hydrodynamics and water quality in Chilika Lagoon-a modelling approach [J]. Procedia Engineering, 2015, 116: 639-646.

[30] Donia N, Bahgat M. Water quality management for Lake Mariout [J]. Ain Shams Engineering Journal, 2016, 7 (2): 527-541.

[31] House W A. Geochemical cycling of phosphorus in rivers [J]. Applied Geochemistry, 2003, 18 (5): 739-748.

[32] Chomat C J, Westphal K S. Enhanced understanding of sediment phosphorus dynamics in river systems with a simple supplemental mass balance tool [J]. Journal of Environmental Engineering, 2013, 1: 34-43.

[33] Wang Y, Politano M, Weber L. Spillway jet regime and total dissolved gas prediction with a multiphase flow model [J]. Journal of Hydraulic Research, 2019, 57 (1): 26-38.

[34] Xiao Y, Cheng H K, Yu W W, et al. Effects of water flow on the uptake of phosphorus by sediments: an experimental investigation [J]. Journal of Hydrodynamics, 2016, 28 (2): 329-332.

[35] Zeng C, Mo K, Chen Q. Improvement on numerical modeling of total dissolved gas dissipation after dam [J]. Ecological Engineering, 2020, 156: 105965.

[36] Heddam S. Modelling hourly dissolved oxygen concentration (DO) using dynamic evolving neural-fuzzy inference system (DENFIS) based approach: case study of Klamath River at Miller Island Boat Ramp, Oregon, USA [J]. Environmental Science and Pollution Research, 2014, 15: 9212-9227.

[37] Zhang Q H, Yan B, Wai O W H. Fine sediment carrying capacity of combined wave and current flows [J]. International Journal of Sediment Research, 2009, 24 (4): 425-438.

[38] Stephenson D. Kinematic Hydrology and Modelling [M]. New York: Elsevier Science Pubfishers, 1986.

[39] Gottardi G, Venutelli M. An accurate time integration method for simplified overland flow models [J]. Advances in Water Resources, 2008, 31 (1): 173-180.

[40] 张二骏, 张东生, 李挺. 河网非恒定流的三级联合解法 [J]. 华东水利学院

学报，1982，1：4-16.

[41] 李义天，唐伟明．河网汊点分组解法的自动分组技术及优化 [J]．武汉大学学报：工学版，2008，41（3）：13-15.

[42] 侯玉，卓建民．河网非恒定流汊点分组解法 [J]．水科学进展，1999，10（1）：28-33.

[43] 韩龙喜．三角联解法水力水质模型的糙率反演及面污染源计算 [J]．水力学报，1998，7：12-17.

[44] 卢士强，徐祖信．平原河网水动力模型及求解方法探讨 [J]．水资源保护，2003，19（3）：5-9.

[45] 王船海，向小华．通用河网二维水流模拟模式研究 [J]．水科学进展，2007，18（4）：516-522.

[46] 王玲玲，钟娜，成高峰．基于奇异矩阵分解法的河道糙率反演计算方法 [J]．河海大学学报：自然科学版，2010，38（4）：359-363.

[47] 陈炼钢，施勇，钱新，等．闸控河网水文-水动力-水质耦合数学模型—I.理论 [J]．水科学进展，2014，25（4）：534-541.

[48] 朱琰，陈方，程文辉．平原河网区域来水组成原理 [J]．水文，2003，23（2）：21-24.

[49] Pesce S F, Wunderlin D A. Use of water quality indices to verify the impact of Córdoba City (Argentina) on Suqua River [J]. Water Research, 2000, 34 (11)：2915-2926.

[50] Breiman L, Friedman J H, Stone C J, et al. Classification and Regression Trees [M]. New York：CRC Press, 1984.

[51] Statistics L B, Breiman L. Random forests [J]. Machine Learning, 2001, 45 (1)：5-32.

[52] Wang Y G, Kuhnert P, Henderson B. Load estimation with uncertainties from opportunistic sampling data-A semiparametric approach [J]. Journal of Hydrology, 2011, 396 (1-2)：148-157.

[53] Reshef D N, Reshef Y A, Finucane H K, et al. Detecting novel associations in large data sets [J]. Science, 2011, 334 (6062)：1518-1524.

[54] Mackay D, Leinonen P J. Rate of evaporation of low-solubility contaminants from water bodies to atmosphere [J]. Environmental Science and Technology, 1975, 9 (13)：1178-1180.

[55] Brezonik P L. Effect of organic color and turbidity of secchi disk transparency [J]. J Fish Res Board Can, 1978, 35：1410-1416.

[56] 张永良，洪继华，夏青，等．我国水环境容量研究与展望 [J]．环境科学研

究，1988，1：73-81.

[57] 杨志平，孙伟. 潮汐河流动态水环境容量计算方法探讨 [J]. 上海环境科学，1995，14（6）：14-16.

[58] 徐贵泉，褚君达，吴祖扬，等. 感潮河网水环境容量数值计算 [J]. 环境科学学报，2000，20（3）：263-268.

[59] 李如忠. 区域水污染物排放总量分配方法研究 [J]. 环境工程，2002，20（6）：61-68.

[60] 董飞，刘晓波，彭文启，等. 地表水水环境容量计算方法回顾与展望 [J]. 水科学进展，2014，25（3）：451-463.